你只需要是自己

[韩]朴又兰 著

刘兴娜 译

时代文艺出版社
SHIDAI WENYI CHUBANSHE

图书在版编目（ＣＩＰ）数据

你只需要是你自己 /（韩）朴又兰著；刘兴娜译
. -- 长春：时代文艺出版社，2024.4
ISBN 978-7-5387-7360-6

Ⅰ.①你… Ⅱ.①朴…②刘… Ⅲ.①女性心理学—通俗读物 Ⅳ.① B844.5-49

中国国家版本馆 CIP 数据核字 (2024) 第 038197 号

남편을 버려야 내가 산다（Have to Leave Hushband for Self-reliant）
Copyright © 2022 by Park Woo Ran
All rights reserved
Translation rights arranged by Uknow Contents Group Co.,Ltd.
through May Agency and CA-LINK International LLC.
Simplified Chinese Translation Copyright © 2024 by Beijing Sunde Culture Co.LTD
吉林省版权局著作权合同登记 图字：07-2023-0027 号

你只需要是你自己
NI ZHI XUYAO SHI NIZIJI

[韩]朴又兰 著 刘兴娜 译

出 品 人：吴 刚
选题策划：三得文化
产品经理：郭 靖
责任编辑：余嘉莹
装帧设计：张景春
排版制作：仙 境

出版发行：时代文艺出版社
地 址：长春市福祉大路 5788 号 龙腾国际大厦 A 座 15 层（130118）
电 话：0431-81629751（总编办） 0431-81629758（发行部）
官方微博：wcibo.com/tlapress
开 本：880mm×1230mm 1/32
字 数：120 千字
印 张：6.5
印 刷：运河（唐山）印务有限公司
版 次：2024 年 4 月第 1 版
印 次：2024 年 4 月第 1 次印刷
定 价：52.00 元

图书如有印装错误 请寄回印厂调换

序　言

一位女性在感情上遇到了困扰，来向我咨询。这些年，她跟丈夫的感情越来越淡，她说这种不温不火的情感关系令她痛苦不堪，她不知道怎样做才能恢复他们的夫妻感情。为了能够更全面地找到问题的根源，我请求见她丈夫一面，她的丈夫爽快地答应了，可她却开始犹豫起来。

在深入的交谈和咨询后，我发现这位女性内心的真实想法，和她表面上所说的并不一致。虽然他们夫妻感情的疏远让她觉得很痛苦，但同时，她竟是很享受这份孤独和悲伤的。也就是说，她的无意识里，"和丈夫的感情为什么会出现危机、如何才能解决"，这些更关键的问题，她其实没有那么在乎。

于是，我建议她慢慢来，先留意一下跟丈夫待在一起时自己内心的感受。观察了一段时间后，她恍然大悟：原来即便是跟丈夫共处一室，她也只喜欢沉浸在自己的世界里。在此之前，她一直以为是丈夫的问题才导致婚姻不幸福，所以她只是一味地想办法缓和夫妻关系。这次意外的发现，彻底打破了她对自己的认知。

就像这位女性不被常人理解的想法一样，我们会无意识地享受这种"奇怪"的想法。这位女性之所以无意识地享受孤独和悲伤，与她的原生家庭有很大关系。据了解，她的父亲有家暴倾向，母亲也盛气凌人，儿时的她在这种鸡犬不宁的家庭氛围中长大，唯一能保护自己的方式就是缄口不言。她时常蜷缩在角落，沉浸在自己忧郁悲伤的内心世界中。即使后来上学、结婚，她也少言寡语，尽量不与外界交流。她不需要丈夫的改变，也不渴望真诚的沟通，"悲伤""忧郁"像是与生俱来的枷锁，绑在她的心上，她一刻都不曾卸下。

这位女性一直有一种危机感，她担心自己与丈夫的婚姻不能继续维持下去。因为感情需要两个人共同经营，仅凭一个人的付出和热情，无法维系两个人长久的亲密关系。虽然她有意识地想要建立和谐的家庭，但在她还没来得及为了缓和感情做出努力，就已经无意识地做出了糟糕的选择。

听过我的分析后，这位女性幡然醒悟，长时间压抑在她心中的巨石终于落了下来，曾经无法理解的记忆碎片也逐渐拼凑完整。

身为一名精神分析师，我不能、也没有权力去消除来访者的痛苦。我只是辅助他们全面了解事情的真相，帮助他们做出最适合自己的决定，无论咨询后有什么样的发现，所有的困难仍然是需要来访者独自克服。

近来，越来越多的女性因充满"哀悼"①的生活，找我做心理咨询。有的女性因怀疑丈夫变心而惴惴不安；有的女性整日以泪洗面，她们认为自己的付出全部付诸东流；有的女性则被痛苦的婚姻抽走灵魂，被残破的家庭拖拽得精疲力竭……这些一心想要守护家庭和情感的女性，把婚姻咨询当作了最后的"救命稻草"。

心理学上的"哀悼"是指人们无意识地重复着痛苦，也叫作"无意识哀悼"。如同葬礼上的逝者家属内心的丧失感一样，那些被"哀悼"困扰的人们会在无意识里不断重复着悲伤，将自己幽闭在痛苦的境域里，难以逃脱。这可以与"象征式哀悼"作对比，"象征式哀悼"是人们清楚自己丧失了什么、正在送别谁，而"无意识哀悼"是一个人并不清楚自己在哀伤什么，只是不断陷入悲伤的死循环中，无法自拔。现实生活中，像这种被无意识哀悼持续折磨着内心的女性数不胜数。

如今的社会，在家庭形态方面也发生了翻天覆地的变化，但父权制的社会形态、大男子主义的思想却很难在真正意义上发生

---

① 哀悼：心理学的专业术语，是指在经历了与重要对象的离别、心理上的丧失等事情之后，发生的认知、情绪以及行动上的变化过程。

改变，并不是说"男士优先"就是所谓的大男子主义，也不是让女性发声、提高女性社会地位就可以轻松摆脱父权制社会。相反，对峙和对决会走向更加男性化的世界，因此，时至今日，仍然有许多女性被父权制痛苦地裹挟着，生活逐渐停摆。

有些心理学家认为，分析无意识是把隐藏在黑暗处的心理暴露出来，以便看清本来的面目，但无意识本身并不是黑暗或恐怖的。

一些隐匿于意识之下的心理表象①，当碰到某个对象或事件时，会出现某种特定反应，这种反应会在出现特定刺激时反复上演。"我"和不同的人建立关系，彼此的无意识受不同的表象支配，关系的模式和表达方式就会有所不同。现在的"我"为什么如此痛苦，为什么"我"会被这种类型的人吸引，甚至"我"为什么会在这件事情上挫败，都与此有很大的关系。

拉康说过这样一句至理名言：

"有时候，选择不是在好和坏之间进行，而是在坏和更坏之间。"

也就是说，有时候我们为了短暂的满足与微不足道的东西付出了沉重的代价，而在此之前，我们甚至没有意识到要付出什么

---

① 心理表象：感知过的事物在人脑中重现的形象。让·皮亚杰的术语中，指一种内化（即在头脑中进行的）模仿，是信号功能的一种表现。

代价。

在付出的所有代价中，也包括爱情的代价。爱情为何让女性遭受那么多痛苦？爱情和欲望有直接关联，两者都是看不见摸不着的抽象概念。有些人相信爱情是具象的观念，但这其实是我们无意识的幻想和心理投射引起的错觉而已。即便如此，我们身边还有许多女性因无法再次相信爱情、无法得到真爱而饱受痛苦。

无论你过着怎样的婚姻生活，都希望这本书能够帮助你蜕变成一名精神独立的女性。我想为更多的女性朋友们排解精神忧虑，获得自我救赎。

另外，我的目标并不是希望女性作为家庭共同体或其中的一员，去创造一个完美的自己；而是希望女性更关注自己的感受，能游刃有余地处理错综复杂的家庭和社会关系，对自己有清晰的认知，勇敢追寻自己的理想。

这也是我写这本书的目的之一，当女性真正接受了自己的不完美时，才能与任何人平等相处，并找到自由。

于"彼岸"密室

心理学家 朴又兰

目 录

第三章　与男权思想保持距离——女性的自由

第四章　做思想独立的女人——女性的独立

第一章

『抛弃』丈夫，才能活下去

——女性的欲望

见不得光的爱情，冲动和爱不是一回事

"想要从这种被欲望和冲动控制的被动生活中挣脱出来并获得全新的生活，需要寻找和以往不同的新的快乐体验，而这种体验是只有把精力完全集中在自己的身上才能真正有所体会。"

三十岁的素熙因饱受爱情的困扰，向我寻求情感咨询。她从二十岁时开始谈恋爱，如今正处在第三段恋情中。不过，素熙的三个交往对象都是已婚人士，现在跟她交往的男人是一个比她大十多岁的中年大叔，两个人多年来都保持着亲密关系。可是，随着交往的深入，素熙发现她早已深陷于这段感情中，她想跟这个人共度余生的想法越来越强烈，一时间心里非常混乱。一方面，她深谙要求越多越容易失去对方，可是，另一方面她又受够了遮遮掩掩的地下恋情。她感觉未来被一片灰暗笼罩着，看不到出路。

有些女性也像素熙一样，喜欢上了本不该喜欢的人，她们的爱情有悖于伦理道德，不会被社会认可。那么究竟是怎样的内心驱使着她们不断重蹈覆辙，折磨自己呢？我担心又不解地问道：周围也不乏优质男生，为什么偏要触碰道德底线，自讨苦吃呢？显然，素熙早已知晓其中的利弊，却总是与不该喜欢的人陷入爱河。

有一次和素熙交流时，我问她："如果你男友离了婚，选择跟你在一起，你会怎么办？"素熙迟疑了一会儿，随后回答："其实我并不希望这样。老师，我究竟是怎么了？我连自己想要什么都不知道。"

实际上，素熙的男友也并不想打破原有的婚姻。他仅仅觉得素熙的存在如同他婚姻的强化剂，像防护栏一样巩固着他的合法的婚姻关系。在我看来，这个男人的快乐分为两部分，一部分是拥有和睦的家庭，贤惠的妻子把家里的一切都打理得井然有序；另一部分则是有素熙为其解决生理需求的肉体快乐。他把两位女性明确分工，自己随心所欲地游走在她们之间，再多的疲惫与辛苦也都是甜蜜的。从这个男人身上，足以看出他对这份"快乐"的追求态度和占有欲，对他而言，精神和肉体的快乐缺一不可。

幻想自己拥有真爱

在心理学中，占有欲强烈的男性会幻想自己既能徘徊在职场和社会中不同的女性间，也能在家庭中拥有一位贤妻良母。如果素熙的男友遇到了婚姻危机，他会选择结束婚姻，与素熙共度余生吗？大概率是不会的，连同素熙的那份感情也会被他无情地抛弃。素熙的男友并非因为对妻子不满才去认识其他女性，而是他内心贪婪，想占有更多。他享受这种"天衣无缝"的快乐，而这种"天衣无缝"的关系一旦失衡，他的快乐也将随之消失。

令人费解的是，素熙坚信她和男友之间是真爱，并且自欺欺人地认为男友的婚姻早已有名无实，但她内心深处又有一个声音告诉她，男友并不会选择她，她只是填补他内心空缺的一枚棋子而已。

素熙的冲动与欲望在内心蠢蠢欲动。她实际上并不期望男友和自己结婚，但她希望男友不选择她的原因是"没办法结婚"而不是"不想结婚"。为了达成此目的，素熙也把自己包装成一个"不可能有结果的对象"，在痛苦与快乐之间反复折磨自己。她的这段感情并不是爱情，这其实是一种欲望。最终，素熙无法承受内心的自责，来找我进行心理咨询。

为什么一个已婚男士会让素熙如此情迷意乱？在素熙的内

心世界，有一种想要从母亲那里"夺走"父亲的冲动，这种蠢蠢欲动的想法似一团岩浆，在素熙长大后的这一刹那喷涌而出。"夺走"父亲后，母亲的失落会给她带来很大的"快感"。最终，她将对母亲的报复投射到了这个素未谋面的男友妻子身上。

素熙从小在一个温暖的家庭中长大，父母给了她全部的爱。素熙的父母恩爱甜蜜，可这种恩爱却让素熙感觉自己受到了冷落，从而产生了嫉妒心理。素熙梦想着有一天自己也能组建这样幸福的家庭，但如今等待她的却是一段永远不会有结果的感情。

用现在的流行语来讲，素熙的父亲是位名副其实的"宠女狂魔"。父亲的极度疼爱，让素熙从小开始便对父亲有了强烈的依赖。虽然素熙父母的感情很好，但素熙的父亲与母亲也做不到完美契合，由此一来，素熙的父亲也会将一些情感寄托在女儿身上。父亲习惯将日常生活遇到的困扰与磕绊向女儿倾诉。长此以往，看着这样的父亲，素熙自然而然地产生了想要照顾和关心父亲的想法。

素熙将自己代入母亲的身份，同时也将对父亲难以消解的冲动与欲望映射到他人身上。这其中不仅有对父亲的冲动，也有对母亲的嫉妒之心。她时而充当母亲的角色，时而又享受与父亲的独处时光。

一场周而复始的痛苦游戏

从心理学的角度来看，任何道德判断都是没有意义的。心理学家不是以某个道德标准对人进行评判，相反，他们能做的是成为一个深入的倾听者。如果心理学家拒绝接受那些在社会上被道德谴责的人，只接纳那些"三观"正确的人，并鼓励每个人都追求幸福的家庭生活，那这种行为便不能称之为心理分析，只是一种为了迎合社会观念而进行的保守型心理治疗。

精神分析的目的不在于帮助来访者改善社会关系，而是剖析其内心深处冲动和欲望的根源。因此，我们不能把内心的冲动和欲望归结为道德上的对与错。这是一种社会性的产物，不能单纯地理解为个人的心理疾病，有些人认为冲动是一种自然本能的现象，但我认为人的冲动其实是由社会、个人生存环境以及外界的言语刺激造成的。

我作为精神分析师，不是去纠正这样不被社会认可的感情，而是帮助她剖析，驱使她这样做的内心深处的冲动与欲望。为什么素熙会被这种冲动与快乐冲昏头脑，为什么她总在同一件事上反复试错？如果她心里早就知道，这样做在道德上是不被允许的，但她依然沉浸在遮遮掩掩的感情中、不肯做出改变的话，那这显然就不是道德层面的问题了。与无意识的状态下做出的选择不同，素熙是在清楚了一切缘由后，仍义无反顾地选择了这条道路，也就意味着她做好了心甘情愿接受一切后果的准备。

　　随着谈话的深入，素熙更清晰地认识到自己和爱人真正渴望得到的是什么。她开始勇敢地面对这种快乐带给她的幻想与空虚，她也迫切地希望自己就此打破这种不断重复的痛苦。她这样做并不是因为担心道德上受到谴责，而是她渴望摆脱内心深处的冲动对自身意识的支配，从欲望的世界中脱离出来。她承受着失去欲望对象后的空虚感，为追求真正的爱情而努力。她所做的这些，不是为了成为一个有道德的人，而是告别被无意识的心理所奴役的生活。

　　想要从这种被欲望和冲动控制的被动生活中挣脱出来并获得全新的生活，需要寻找和以往不同的快乐体验，而这种体验是只有把精力完全集中在自己的身上才能真正有所体会。

"对他而言，我是谁"，
不要试图寻求这样的答案

> "提到'拥有'这个话题，不可避免地会让人联想
> 到'嫉妒'与'猜忌'。嫉妒不分男女，它以一种最原
> 始、最激烈的感情支配着我们。"

"对他而言，我是谁，在他心里，我是怎样的存在？"

对于一些女性而言，这个问题显得至关重要。女性通常会好奇自己对于男性而言是怎样的存在、在男性心中处于什么样的位置。所以，哪怕是那些拥有丰富恋爱经验的女性们，在这个问题上，也一定会打破砂锅问到底。

有一对夫妻感情不和，经常唇枪舌剑、激烈争吵，即使有父母和朋友在场，他们也不会有任何顾忌和收敛。吵架的火苗一旦

被引燃，两人瞬间就如同咆哮的猛兽般互相撕咬，毫不妥协。讽刺的是，夫妻两人虽然吵得天翻地覆，却仍然能继续在一起生活，而且，他们从来没有动过离婚的念头。

为什么会这样呢？对于这对夫妻而言，吵架的理由并不重要，重要的是在吵架的过程中，两个人能够把精力全部放在对方身上。那一刻，他们眼里只有彼此。

学会跟爱人沟通

一直以来，人们总认为与爱人亲密无间、彼此毫无秘密的关系，才是最理想的情感关系，但实际上，维系感情的方式因人而异。对于经常吵架的夫妻而言，妻子坚信，只要丈夫能变成她希望的样子，她就会幸福，但事实并非如此。倘若其中一个人按照对方的要求脱胎换骨，完全变成另一种样子，会发生什么呢？如果一直以来，已经建立在夫妻之间的"冲突""吵闹"等心理机制消失，夫妻间对彼此感到无聊的概率反而会大大增加。

还有的女性认为只要解决了头疼的婆媳问题，自己就会变得幸福。或许婆媳问题解决后，她确实会享受一段时间的平静生活，但这种快乐短暂易逝，此时，连奋斗拼搏的丈夫在她眼里都将变得无趣无味。诚然，在结束了与婆婆之间的斗争之后，女性停止了精神内耗，开始更关注自己，也学着去摸索出另一条属于自己的道路。只不过想要顺利抵达这条路并不轻松，因为在一段关系中，她的心里会反复涌现不同的欲望和想法，她很难对不同的欲望有更清晰的分析和认知。对于这个问题，女性们总在苦苦地寻求答案。

"对他而言，我是谁，在他心里，我是怎样的存在？"

这个问题等同于反复地求证"我是一名女性吗"，为了得到这个问题的答案，女性会不断地向男性希望的方向靠近，成为男性心目中满意的对象。

我在某本书上读到过这样一种说法。

如果女性在大街上遇到一对情侣，她觉得情侣中的男性很有魅力，但她不会痴迷地望着那位男性，反而会把视线转向他身旁的女性，而如果是男性在大街上遇到一对情侣，情侣中的女性是他喜欢的类型，那么他八成只会目不转睛地看着那位女性。

在这个说法中，我们可以看出，无论男性还是女性，都把自己的视线集中在那对情侣中的女性身上，但原因却大相径庭。女性之所以更关注同性别的女性，是因为她更好奇他们成为情侣的原因，例如：那位女生究竟有怎样的魅力？她拥有的优势我是否拥有，我没有的优点她是否拥有？

对于有些女性而言，与其说她的终极欲望是关注男性这种特定的对象，不如说是在关注她不具备的某种"魅力"，或许，不断追逐自己缺失的东西才是女性真正的欲望。

化妆品广告很好地体现出了这种女性的欲望："明星们貌若天仙，我要是用了同样的化妆品，是不是也能像她们一样漂亮？"化妆品广告巧妙地抓住了女性幻想的心理，满足了女性追求美的心愿。虽然她们内心很清楚，使用了跟明星一样的产品并不会真的变得跟明星一样漂亮，但哪怕仅仅只是一些美好的幻想，女性也得到了满足，所以，女性之间虽然相互竞争，却又可以友好相处。

女性之所以对那些能够吸引男性的女性充满嫉妒，同时也能与之友好相处，原因是女性会以关系为中心产生欲望和幻想，是由"同为女性，我们都一样"这种想法带来的心理效应。

在电视剧里，我们经常看到这样的情景：当妻子发现丈夫出轨的时候，怒气冲冲地赶到现场，一把薅住情妇的头发，随即就是一顿破口大骂。虽然从常识上看，被抓的理应是那个直接伤害她的男人，但此时，妻子的心理状态并非如此。妻子会对情妇心生嫉妒，整日盘算着如何伺机报复。这就是前面我所提到的，女性为什么会如此执着地研究"她身上有什么可以抓住男人的优秀之处"。正因如此，受惩罚的对象往往是那些女性，而不是男性。

所以，女性并不是想要拥有某个特定的对象，而是想拥有能够吸引男性的某些特质。这些特质必然会对一段关系产生影响。

三角关系与幻想世界

有些女性会对婆婆，即自己爱人的母亲产生竞争欲望与嫉妒，当然，在这一点上，母亲的心理也同样如此。基于上文的原因，有些女性还会在意自己的爱人曾经有过几段感情经历，也就是说，女性依然会好奇伴侣已经毫不关心、不再联系的前任，前任也成了夫妻日常生活中偶尔谈起的话题。女性明明知道这是自己的多虑，但在心理上还是会偶尔产生联想。她们有时会假想自己处在这种三角关系中，暗地里产生嫉妒。这种心理致使她们对男性展现出了极大的愤怒和敌意。爱得越深，那种对自身短板的不满、想要拥有吸引男性特质的欲望就会越强烈，最终可能会产生毁掉一个男人的想法。

在有些女性的幻想中，她们喜欢将其他女性置于自己与恋人之间，从而在幻想中与另一位女性进行种种比较，折磨着自己的内心。在这类女性心中都住着一个等待白马王子的少女。这位白马王子肯定少女的价值，能够排除万难穿越人海，只为她奔赴而来。

与此相反，站在男性的立场上来看，男性关注的，不是站在女人身旁的那个男人，而是关注女性本身。相较于女性，他们更简单，且更有目标性。比起成为有魅力的对象，"直接拥有对象"才是男性内心强烈的欲望。

有的已婚女性不再只围着丈夫转，开始逐渐将关注点转移到孩子身上。实际上，她们认为关注孩子是可以弥补自己失去的快乐的最简单方式。女性应该清醒地了解自己在伴侣心中的地位和形象。只有这样，才不会执着于获得男性或者丈夫的偏爱，而是更关注自己本身。

"对于他而言，我是谁"，这个问题本身没有错，问题在于反复向男性确认并寻求答案。这个问题没有唯一解，所以无论男女都给不出标准答案。

"拥有"是一种欲望

对于另一半，男女双方都以不同的方式展现出不同的欲望，其结果都是关于"拥有"这一主题。男性想要拥有女性，以此来填补自身的不足，满足自己的种种欲望，而女性则希望拥有可以吸引男性的某些特质。

提到"拥有"这个话题，不可避免地会让人联想到"嫉妒"与"猜忌"。"嫉妒"不分男女，它以一种最原始、最激烈的感情支配着我们。"嫉妒和猜忌"是在婚姻和爱情中常会遇到的感情困扰。一个人只要产生了嫉妒心理，竞争欲也就随之出现了。弗洛伊德认为这种竞争源于一种恐惧，即"害怕原本属于自己的事物被占有，害怕失去早已被视为属于自己的东西"。法国心理学家保罗–劳伦·阿苏（Paul-Laurent Assoun）曾说过这样一段话：人们在填满欲望的道路上可以迸发出无穷的力量，而一旦被这种欲望控制、束缚，就会衍生出某种疾病。

保罗–劳伦·阿苏进一步区分了"嫉妒"与"猜忌"。对于人类而言，"嫉妒"是一个人渴望拥有一些自己没有的东西（这与实际上他是否拥有无关），而"猜忌"是一个人认为对方向自己隐瞒了他拥有的筹码。因此，在一些关系中，女性更依赖男性，女性不断暴露出强烈的关心和嫉妒，同时对于丈夫（他拥有的财物、能力等）的频频猜忌也产生了许多问题。

在这里，请扪心自问："此时此刻，我的内心和视野被什么束缚？我追求的究竟是什么？"

处于虐待关系中的人

"社会越文明，我们的内心越空虚，而内心空虚又
会助长施虐者的嚣张气焰。"

敏善在互联网公司工作三年了，因为工作的特殊性，她的
周围大部分都是男同事。虽然男同事比较多，但敏善和大家相处
得还不错。有一天，公司进行上级人员调整，她所属的部门换了
新组长。这位男领导的到来打破了敏善原本平静的日常，敏善和
他的矛盾也就此拉开序幕。在公司里，这位男领导并不是个性强
势、张扬的人；在同事眼中，他是一位彬彬有礼的君子。基于男
领导的这种人设，敏善没有办法轻松地跟任何人吐槽她与这位领
导的矛盾。

不知道从哪天开始，敏善只要站到这位组长面前，整个人就

显得怯懦，说话也变得磕磕巴巴。可越是这样，组长就越对她的失误和工作能力表示不满。渐渐地，他开始变本加厉地摧残敏善的精神世界。他坐在敏善的后排，经常故意噼里啪啦地用力敲击键盘，拿放物品时也是制造各种声响。只有敏善知道这些行为是做给她看的，沉闷压抑的气氛使她透不过气。敏善越是放低姿态、表现怯懦，组长压迫敏善的气焰就会越嚣张，提出更加得寸进尺的要求。这位组长将这些过分的要求美化成对下属的"教导"，并且美其名曰他所做的一切都是为了让敏善成长。

敏善无法继续工作下去了，她不知道是不是自己出了什么问题，才导致事情发展到今天这样的局面。她苦恼万分，前来向我咨询。敏善的讲述带给我最强烈的感受是：这是职场上无形的精神虐待，施虐型人格的上司在这种看不见的暴力中获得快感。敏善如同被迫卷入了黑洞，忍受着暗无天日的折磨。

反复出现的无意识

当遇到特定的对象，或者处于某种特定的场合时，我们的无意识会支配我们做出一些自己都无法理解的举动。

敏善从小就生活在父亲的语言暴力中，在她的童年里，父亲总是喜欢用言语压制和嘲讽身边的人，"讥讽""嘲笑"仿佛就是父亲形象的代名词。

不仅如此,敏善的母亲也经常被父亲的言语伤害,就连父亲的玩笑话里也藏着对别人挖苦的成分。敏善的母亲感到非常痛苦,这样的夫妻关系自然少不了经常吵架,甚至有一次敏善的母亲也用攻击性的语言刺激了父亲。所以,敏善在父亲面前只是保持沉默,她尽量避免跟父亲直接交谈。

我们总是倾向于被熟悉的模式引导。如果没有遇到熟悉的模式,藏于内心深处的怯懦与习惯性被虐的特征就不会显现出来,而一旦遇到了曾经熟悉的模式,这种怯懦与习惯性被虐的特征就会被再次强烈地激发出来。

父亲长期无休止的批评与谩骂让敏善内心早已变得怯懦不堪。敏善取得了一点儿成绩,父亲会责怪她为什么不能更好;敏善没有成功,父亲会指责她为什么做不到。哪怕刚刚还在跟朋友嬉笑玩耍,只要父亲一出现,她立马就像霜打的茄子一样,耷拉着脑袋,不敢作声。长大以后,敏善跟父母逐渐疏远,开始有了自己的圈子,日常生活中也没有了以往的语言暴力。可这位跟父亲极为相似的职场上司的出现,再次刺激到了她埋藏在内心深处的胆小与怯懦。

此时,敏善与男领导之间的状态,就像是父母当年情景的再现,她仿佛在扮演当年受父亲施压后变得胆小谨慎的母亲角色。

　　我把男领导与敏善之间的关系命名为"施虐与被虐关系"。这种关系具体指的是：在向对方施虐的过程中得到满足的人，以及利用权威将主要对象逼进受虐者状态的人，而此时施虐者得到的满足也被称为"性满足"。

　　说到性满足，人们通常会狭隘地认为只有通过直接的性虐待或者性行为获得的满足才叫作性满足。其实不然，人类获得性满足的方式和途径数不胜数，这其中就包含通过虐待他人的行为取得的性满足。吃喝、声音、行动这些行为都是人类性能量的释放。在这些性能量中就包含施虐与被虐的关系。即便没有发生直接的性行为，这种关系模式制造的性能量，也在无意间给予了施虐者不亚于性行为的快感。

人越空虚，施虐者的气焰就会越嚣张

　　在职场上司与下属间、神职人员与忠实信徒间、老师与学生间、父母与孩子间、夫妻间或恋人间经常发生这种事情。上级领导倚仗自身拥有的权力，教育下属要有为工作献身的精神，他们借助职位和权力，向下属提出过分的要求，并告诫下属必须不断隐忍才能有所出路，这分明是一种无形的施虐。

　　但是，往往这样的领导并没有意识到自己的施虐行为。因为他们无法细致、具体地探索自己获得性快感的方式和途径，就连许多心理学家，也无法准确地分析出在一段关系中一个人用什么方式能获得性满足。

然而，社会越文明，我们的内心越空虚，而内心空虚又会助长施虐者的嚣张气焰。因为直接性虐待的事件结构极其简单，如果受害者鼓起勇气揭发出来，性虐待的事实会浮出水面，但隐藏在一段关系中的性满足却很难具象化，并且，通常情况下，在一段关系中获得性满足的人，在现实生活的性行为中却没有暴力和虐待的倾向。这便使得这种抽象的性满足行为很难成为一种罪行。

除了直接的身体满足外，人们还可以通过多种方式得到性满足。在无意识中获得性满足的人习惯了以中伤他人为乐，他们经常会让对方感受到侮辱。这类人在蔑视他人的方面似乎有着超乎常人的"天赋"。只要是被他们盯上的人，就如同羊入虎口，瞬间没有了逃脱的余地。这样的施虐者外表光鲜、温文儒雅，享受着外界的鲜花与掌声，但内心偏执、疑心重重，不愿意相信任何人。

施虐者对他人施虐，实际是对自身的批评与鄙视

社会心理学先驱卡伦·霍妮（Karen Horney）曾说过：追求性满足的人忽略了一个事实，也就是施虐者对他人施虐的原因，实际上源于对自身的批评与鄙视。他们没有认清这个现实，反而怀疑、指责他人，并且，把这种疑心误以为是自己敏锐的"天赋"。倘若这样的施虐者受到一丁点儿虐待，他们会像精神病发作一样狂躁愤怒。当然，随着时间的推移，他们的生活圈子会不断缩小，周围的人逐渐离他们远去，也不再有人能够真心对待他们。如果这类人具有身份和社会地位，那他们只能凭借这些来维持短暂的人际关系，最终留在他们生活圈子里的，兴许只剩下那些可怜的受虐者了。

经过一段时间的交谈后，敏善终于明白了，为什么父母曾经的相处模式在她身上上演，并且陷入周而复始的循环。说到这里，还有一个有趣的现象，那就是关于敏善的年龄。

此时，敏善的年龄与当年父母结婚的年龄刚好一样，这是我在进行心理咨询时偶尔能碰到的情况。从专业角度上分析，这属于一种无意识回忆，我们的身体和潜意识会替我们记住许多没有特意用心记住的事情。

从精神分析的角度来看，敏善遇到和父亲一样糟糕的人，并

处在母亲曾经的困境里。敏善与一个外表文质彬彬、内心却与父亲极为相似的领导一同被吸入黑洞中，重复着当年父母的施虐与被虐状态。敏善被强行按在了当年母亲的位置上，而当时母亲与父亲的相处模式一幕幕重现在眼前。倘若敏善没有重视这种现象，任由事态发展，也许今后还会将这样的痛苦延续到她的婚姻中。

有些女性会沉迷于夹杂痛苦的快乐

"'享受'的定义需要从各个维度去解读，只有这样，'享受痛苦'的观念才能成立。"

在精神分析中，尤其是雅克·拉康（Jacques Lacan）的分析中非常注重痛苦与快乐的关系。接下来，从精神分析的角度来看一个关于"享受"的案例。

我一个人待在咨询室的时候，周围的空气像凝结了一样，特别寂静，这种寂静时常让我感到孤单。时间久了，我渐渐习惯了这种安静。直到有一天，隔壁办公室在施工，刺耳的电钻声仿佛穿透墙壁，直冲冲地往我的耳朵里钻，强烈的噪声让我感到极度不适。就这样，噪声持续了一段时间，直到电钻声突然停了下来，一切又都恢复了安静。但此时的安静与以往的安静相比，完全是两种截然不同的感受。这种噪声过后带来的安静，会让舒适与快乐双双加倍。可以说，痛苦结束的瞬间就是幸福快乐的开始。

没有人喜欢痛苦，也没有人愿意享受不幸，但是，我们会享受在痛苦和不幸的缝隙里夹杂着的快乐。我们在承受巨大痛苦的同时，也在不知不觉间沉迷于这种夹缝中细微的快乐，如此，才会持续性地承受痛苦。

"禁止"可以使快乐加倍

有一位年轻人因为母亲每天不厌其烦的唠叨而饱受痛苦。这位母亲在担心的时候会唠叨，生气时也唠叨。面对母亲的唠叨，年轻人掌握了一个应对母亲的好方法，那就是用自己的洁癖来吸引母亲的关注。

年轻人回家后，会把所有穿过的衣服都放在客厅，然后就径直走向浴室淋浴，卧室的门把手上也被他包裹上一层卫生纸。这是他每天进卧室前固定的准备步骤，看到儿子怪异的行为，母亲不敢再继续唠叨。但她并不知道儿子这么做是因为自己，还误以为儿子是在向父亲进行抗议。暂且不谈年轻人为什么会选择"洁癖"这种怪异的行为来应对母亲的唠叨，至少他并未因为自己的洁癖行为感到任何不便。他通过这种洁癖行为使母亲停止了唠叨，使之成了一件令他快乐的事情。就像前面所提到的，这是禁止的悖论，也是痛苦的悖论，这也是精神分析学家所说的"当痛苦里只充斥着痛苦时，人们绝不会让这种痛苦一直持续"。

综艺节目里，一些年轻的新婚夫妇会公开自己的日常生活，我也在其中发现了一个有趣的现象。妻子经常用琐碎的念叨对丈夫加以控制，当妻子认为丈夫喝了很多酒时，就会对酒表现出敏感的反应，此时，丈夫就会乖乖地看着妻子的眼色行事。就像母亲管教儿子一样，妻子对丈夫提出大大小小的"禁止"事项，她们似乎认为这是女性或者妻子应该做的事情。

像孩子会偷看大人的眼色一样，丈夫也会小心翼翼地观察妻子的眼色，同时探索能够避开这些"禁止事项"的方法。当然，有些悖论认为妻子的唠叨会更加激发丈夫的冲动与愉悦，但大部分情况并非如此，想要把"唠叨"与"抗议"都平衡在一个合适的界限内比较困难。倘若夫妻两个人能在"唠叨"与"抗议"中找到一个合适的范围，那么，这样的"唠叨"与"抗议"就是保持生活活力的一种良好模式。

与自信心无关的快乐

人类一直在追寻和体验快乐，只是我们有时不能完全理解快乐的性质、模样以及产生的方式。在世界的忙碌运转中，我们生活的空虚、无意义和艰辛，在忙碌中被掩盖。世界在快马加鞭地向前推进，我们也想在这个过程中去衡量自己取得的成就。对此，我们不要怀疑，想象我们必须要到达某个地方，大步向前奔跑就好。即使你没有多么伟大的理想和目标，但为了不让生活留下遗憾，不让自己虚度光阴，我们需要拼尽全力去实现更丰富的人生。

孩子们的身上存在各种各样的问题，母亲一旦开始将精力集中在帮孩子解决问题上，这样的生活就没有了尽头，会一直持续下去。一些母亲会为了孩子心理健康不断奔波，寻求心理治疗，就像辅导班会分科目辅导一样，母亲会让孩子进行各种心理治疗，情绪治疗、认知治疗、社会性治疗、语言治疗等等。实际上，母亲们只是以此掩饰自己空虚无意义的人生罢了，她们选择了一条看似简单明了却充满痛苦的途径，并在潜意识里享受这种过程。

有位女性觉得丈夫对自己已经没有什么意义了，就开始把精力集中在孩子的成长发育上。她找遍了所有名医，最后医生都告诉她孩子没有什么大问题，而且在这以后孩子也没有再出现什么情况。通常来讲，这时候母亲悬着的心应该落地了，但她又开始"折腾"了，想生个二胎，可是她的身体条件已不适合生二胎，她便再次陷入不安中。咨询到这里时，我对她说："你真是一刻也不闲着啊。"她非常惊讶地看着我。

我常常劝那些一心扑在孩子身上的母亲减少对孩子的关注，每当说到这点时，来访者们总是会反问："身为孩子的妈妈，我怎么能做到对自己的孩子漠不关心呢？"我这里所说的减少关心，并不是指对孩子不关心，而是说保持对孩子的爱与关爱，但同时减少对孩子一举一动的每个细节上的关注。如果过分关注这些细节，就容易忽略孩子本身。孩子总是会制造各种各样的麻烦，假设妈妈每天都被孩子的这些细枝末节牵扯精力，就不再有更多的精力关注孩子大方向的成长。

还有一些女性，她们不相信别人对自己的称赞。面对别人的称赞，她们总是不自信地想："你还不了解我，如果你知道了我是什么样的人，或许你就不会这么称赞我了。"实际上，她们自己都不了解自己，总感觉自己光鲜的外表下隐藏着不为人知的缺陷，并且将这种自我否定的感觉单纯地认为是自尊心的缺失，从而去看一些提升自信心的书，或者向专家咨询，但并没有多大效果。因为这属于快乐的领域，跟自信心无关。

她们感受到"自我否定的感觉"，并不是因为自身的存在或者自身的人格缺陷。她们掩藏着自己都难以描述的快乐，害怕把这种快乐暴露出来。她们不是因为害怕把丑陋的自己暴露出来，而是害怕自己那种不被世俗接受的快乐被他人发现。因为这种快乐一旦暴露出来，这个人就有可能被边缘化、被指责、被摧毁。

痛苦变成快乐的瞬间

许多母亲操劳一生将孩子抚养成人后，虽然经济上宽裕了许多，但依然坚持做体力劳动。孩子们心疼母亲，建议母亲出去旅游、享受美食，快乐地度过晚年。可母亲们早已习惯了每天的劳作，想让她们突然转变生活方式并不容易。

她们像往常一样工作，依然做着艰苦的体力劳动，非常辛苦。孩子们看在眼里疼在心里，寻找各种方法，让母亲停止这样的体力劳动，但母亲还是甘愿接受这种辛苦的劳动。这种现象也是对"享受"这个概念的传统认知的完美呈现。

在高档西餐厅里坐着一位漂亮的女性，她听着音乐，惬意地切着牛排，一副优雅高贵的姿态。看到这样的女性，大家都会认为她此刻非常享受。假设此时她旁边刚好有一位蹲在地板上打扫卫生的清洁工，画面就构成了鲜明的对比，大部分人都会觉得这位清洁工不快乐。可是从当时的场景来看，这名清洁工在自己的工作岗位上，她只想着怎样清除污垢，她通过清除污垢就能获得喜悦。

我们经常通过象征性的形象与观念去轻易地定义他人的生

活。在精神分析中，"享受"摆脱了普遍的、象征性的形象框架，更加关注一个人从何处获得了快乐。"享受"的定义需要从各个维度去解读，只有这样，"享受痛苦"的观念才能成立。

看着辛苦了一辈子的母亲还在努力工作，我们急得手足无措。无论怎么劝说，母亲都不会停下来，孩子对母亲的劝说实际上也是一种自私的行为。如果母亲为了孩子不再工作，为了他人的快乐而放弃自己的快乐，可以把这看作是一种母爱的表现。然而，这其中还有另外一种视角：母亲在工作中获得快乐，她不想为了满足别人而放弃自己的快乐。

大部分人类都很相似，无论是谁，处于什么境况，都不会放弃隐秘的快乐。从这一点来看，人类是自私的存在。这就是为什么如果只把痛苦看作是痛苦本身，就很容易掉入陷阱，这也是不能片面地看待痛苦，而要站在高处相对全面地审视痛苦的原因。

不存在理想的情感关系

"依托这种虚伪形象获得的满足不是真正的满足，
只是想象上的满足。"

三十岁的贤圭抱着结婚的目的交往了一个女朋友，最近他和女友的感情出现了危机，不知如何是好，前来向我寻求帮助。他觉得这个女生就是他命中注定的另一半，他对她疼爱有加，尽全力呵护照顾她。每天早晨，他都去女朋友家里接她上班，她下班后再送她回家。就这样，整整一年的时间，贤圭都风雨无阻地接送女朋友上下班。

贤圭偶尔有事情无法接送女朋友，女朋友的态度瞬间就会变得非常冷漠，这是他们之间最开始出现的问题。贤圭原本想以结婚为前提认真谈一场恋爱，但女朋友的各种要求却让他感到越来越吃力。

人心难满，欲壑难平。贤圭因为无法满足女朋友的各种要求，开始变得垂头丧气。看着他这样失魂落魄，我问道："现在年轻人普遍结婚都很晚，你为什么这么着急结婚呢？"贤圭说，他觉得跟女朋友很合适，也很喜欢她，而且，结婚后他就可以脱离父亲的控制，逃离原生家庭。当然，现实生活中也有很多女性为了逃离原生家庭而选择结婚。贤圭想快点儿结婚组建自己的家庭，但是，他越来越怀疑女朋友是不是能跟他共度一生的人。

在听贤圭讲述的过程中，我脑海里飘过四个字：镜子少女。贤圭的女朋友像是一个"镜子少女"，她试图通过别人对自己全心全意的呵护、体贴入微的照顾，来确认自己是多么招人喜爱、受人追捧。她习惯了贤圭这面"镜子"，习惯了他对自己百分百的爱，所以哪怕"镜子"出现一点儿瑕疵，都会让她觉得自己不被爱了，从而性情大变。

这个城市的早晚高峰，每天都会堵得水泄不通，这种情况下，有男朋友接送上下班，理应心存感谢，哪怕是一句简单的宽慰："我是不是让你为我付出太多了？"也能瞬间温暖疲倦的男朋友。但贤圭的女朋友似乎没有这么想过，她只把贤圭当作映照自己的一面镜子而已。如同被佣人服侍的太太，贤圭的女朋友只想着被照顾。这种行为源自她儿童阶段极其严重的心理疾病。

"镜子少女"和她渴望被爱的孩童内心

雅克·拉康把这种自我形态称之为"镜像阶段"。简单来说，镜像阶段指的是6—18个月大的婴儿，尚不具备肢体协调能力，不能综合感知自己的身体和状态，但婴儿能在镜子中认出自己，虽然婴儿不会说话，却以一种兴奋状态表现他对这一发现的喜悦。实际上，此时的婴儿不能看到完整的自己，他会感觉镜子中的形象就是真正的自己。

所有成年人都存在"镜像自我"现象，通过他人映射出来的自我形象来实现内心的满足。每个人身上都会留下幼儿期生理规律的痕迹，但如果一直躲藏在婴儿时期的"镜像阶段"，就会固执地以"镜像阶段"要求周围所有人，尤其是恋人、配偶、朋友。

如果周围人不把自己塑造成一个被爱、被保护的少女形象，就会产生一种自我支离破碎的不安感，进而困扰着自我与他人。因为这不是真正的自我。那些被她要求以"镜像阶段"对待自己的人，沦为了少女的工具人。少女即使依靠这些工具人，不断映射自己的美丽，一旦镜子破碎，她也会随之消失。因为她只凭借自己虚构的形象生活，到头来只会被自己虚构的形象反噬。

像贤圭女朋友这样的女性，即使有了温馨的家庭，也容易把贤圭与孩子当成映射自己的一面镜子。"镜子少女"凭借着形象生存，与她接触的人，最后都像贤圭一样被逐渐疏远。

更令人惋惜的是，当映射自己的镜子破碎时，这些"镜子少女"并没有想过要努力塑造真实的自己，而是想方设法寻找下一个对象，寻找一面崭新的镜子。

话说回来，贤圭为什么被"镜子少女"吸引呢？我前面也提到过，贤圭今年三十岁了，从小生活在父亲强势的管制下。从学生时代到职场工作，父亲早已为他铺好一条路，贤圭从来没有自己做过任何决定。"如果不按照我规划的安稳的路走，你就注定会失败。"时间久了，贤圭被迫接受了父亲这套强硬的说辞。

在这样的环境中成长，贤圭逐渐对自己的经历、成就和感受变得迟钝麻木。然而，此时他遇到了敢于表达自己想法的女朋友，这刺激到了他麻痹已久的感性神经，在相爱的过程中再次感受到了幸福。只不过后来女朋友的要求和表现越来越过分，贤圭也逐渐对此感到疲倦。

贤圭和女朋友如同两个内心空荡荡的孩子，他们将对方视为全部的依赖。倘若这种依赖能够成为互相依偎的肩膀，那固然是件好事。但作为"孩子"，更多的是考虑到自己的需求，通常不会关心别的"孩子"的需求，因此导致了这段感情的破裂。

一段感情中没有了"我"

还有这样一个例子。二十五岁左右的河妍交往了一位理想的男朋友——男朋友的外表和职业都符合她的标准。和男朋友一起外出时，她觉得自己也变得像男朋友一样优秀，这让她觉得非常有面子。不过，她的优质男友看似光鲜的外表背后，却隐藏着另一副不为人知的形象。男朋友只考虑自己的需求，常常粗鲁地与她发生关系；跟她约会时，他朋友随便一个电话就能让男朋友抛下她，赶去下个饭局。在男朋友眼中，河妍仿佛是一个随意摆布的工具。

河妍期待跟男朋友结婚后，能在一起幸福地生活，因此毫无保留地付出了自己的全部。如今，她的不安感却越来越强烈，男朋友也反感她这种不安的样子，最终向她提出了分手，河妍最害怕的事情还是发生了。

男朋友粗暴的性行为给河妍的身体造成了很大伤害，但此前，因为害怕男朋友会离开自己，河妍选择忍耐，从没有主动阻止过。

河妍整日都在猜测男朋友是不是变心了、男朋友此刻在想什么，她把全部的精力都放在了男朋友身上，自己逐渐变得疲惫不堪。即便河妍还在这段感情中挣扎，最终也要面临感情破裂的局面。和男朋友分手后，河妍处境困难，连日常生活都难以维持。

　　乍一看，河妍像一位为爱献出生命的人。如果失去爱，被爱人抛弃，她将一无所有。她害怕这种世界末日的感觉，每次恋爱时都会倾尽所有，拼命去爱，结果往往被伤害得遍体鳞伤。很多女性像河妍一样，恋爱时，毫不保留地付出，将恋人看得和自己一样重要。如果感情结束了，在恋人消失后的很长一段时间里，随之消失的还有为爱献身的自己。

依赖的关系中没有满足

　　河妍和贤圭一样，都没有做到关注自我、将精力集中在自己身上，只是通过他人的态度了解自己的形象，再通过他人映射出来的那个虚构形象来获得自我满足。当深陷在这样虚构的形象中时，他人与自我的界线就会变得模糊。因为在他们看来，自身的形象依赖于他人，所以他们通过满足他人要求的方式来保持自我。因此，这类人的幸福与不幸大部分取决于他人的态度和行为，他们的存在全由他人来支配。

　　依托这种虚构形象获得的满足不是真正的满足，只是想象上的满足。实际上，夫妻之间也经常存在这样的现象。一方像侍奉主人一样侍奉另一方，以此维持着稳定的夫妻关系。她们误以为这样没有大的摩擦，就是完美的夫妻关系。

如果让这类人把向外倾注的能量转移到自己身上，大部分人会不知道如何是好。因为她们会通过丈夫是否晚归、是否是孩子的好爸爸，以及丈夫如何对待自己来了解自我。这条了解自我的路已经在眼前展开，面对其他未知的途径，她们显得非常茫然。

这种"向他人倾注能量"的方式，为这样的人提供了很好的借口和理由。她们会以此要求家人满足自己的各种要求，例如：家人之间应该没有秘密，父亲应该担起责任，孩子应该听话、应该取得优秀的成绩，等等。当这些需求得到满足后，她们会感到短暂的幸福，但很快她们又会沮丧，沮丧的同时会再次感到不安，接着又为了解决新的问题继续斗争，她们的生活在这样的周而复始中被这些事情填满。

第二章

对于女性，爱情是什么

——女性的奉献

当你想通过婚姻改变生活

> "面对婚姻问题，我们总是想平复对方的情绪，
> 缓解表层的矛盾，这不仅解决不了根本问题，反而还
> 会暴露出更多的问题。"

有的男性既喜欢在外和其他女性暧昧，但又不会放弃家庭。至于他们为什么这么做，众说纷纭。有的女性认为，虽然男性对婚姻不忠，但他最爱的人还是妻子。我并不赞同这个观点。在我看来，男性不放弃家庭并不是多爱自己的妻子，只是受到法律法规和世俗框架的约束。

部分男性将婚姻视为一种束缚，他们享受冲破束缚所带来的心理愉悦。但其实，他们很害怕自己的家庭破裂，以及社会地位和形象的崩塌，这种害怕程度远远超出女性的想象。一些女性

用"他还是爱我的"来宽慰自己，却不知这句话是替男性掩盖了出轨的本质，是女性自欺欺人的借口罢了。这时候女性再沉迷于"爱情"，只会更加蒙蔽自己的双眼。

想要维持好婚姻生活，女性需要用心感悟夫妻生活的意义，只有这样，婚姻生活才不会犹如一潭死水。

名存实亡的夫妻生活

智妍和丈夫的感情虽谈不上恩爱有加，但婚姻生活也没有出现过大的问题。突然有一天，丈夫提出要跟智妍离婚。这个消息犹如晴天霹雳，让智妍的大脑瞬间一片空白。自那以后，智妍茶饭不思，夜不能寐。"我们的感情到底哪里出现了问题？""他为什么突然这样对我？"这些问题整日在她耳边回响，她的心情变得极度压抑。智妍来找我咨询的那天，整个人都非常颓丧。

智妍的丈夫是个踏实勤奋的上班族，智妍则是个任劳任怨的家庭主妇。男主外女主内的搭配，让智妍觉得自己的婚姻还算稳定和谐。虽然她偶尔也会对丈夫发发牢骚，不过，在她看来夫妻过日子都是这样，家家有本难念的经，只要把孩子好好抚养长大，她就知足了。虽说日子平淡了一些，但她也从没想过丈夫会跟她离婚。

智妍越想越委屈，她觉得自己与丈夫之所以走到今天这种局面，责任全在丈夫，但矛盾的是，智妍又害怕失去丈夫，所以又去挽留丈夫，试图挽回这段感情。

我根据智妍的描述，给她做了详细的精神分析。听过我的分析后，智妍这才意识到原来结婚以来自己一直冷落了丈夫。虽然她勤俭持家，全心全意陪伴孩子成长，尽到了一个合格母亲应尽的责任。但丈夫在想什么，丈夫的状态如何，这些她毫不关心。她只要求丈夫尽好一家之主的义务和责任，除此之外的事情，她很少与丈夫有过多的交流。

跟智妍聊天的过程中，我发现智妍不仅疏忽了丈夫的内心世界，她连自己状态的好坏都无法感知。她的内心其实非常孤独，只知道自己是孩子的母亲、丈夫的妻子，但她却在这些身份中迷失了自我。她不知道自己喜欢什么、追求什么，更不知道自己想要怎样的生活。夫妻两人像是借宿在同一屋檐下的室友，从来没有精神交流。最终智妍的丈夫厌倦了这种生活，主动提出了离婚。

起初智妍怀疑丈夫有了外遇，不停地追问，但丈夫都一一否认了。丈夫无意中说过，离婚后如果遇到了合适的人，他还会继续相信爱情。这番话加重了智妍对丈夫的疑心。她偷偷查看丈夫的手机，搜索他的银行卡记录，企图找到丈夫外遇的一些蛛丝马迹，但一番搜索下来没有任何收获。事到如今，智妍倒是希望能够找到一些物证，这样也好说服自己。可事实上无迹可寻，这令她一头雾水，内心更加抓狂。

相反，智妍的丈夫却显得非常决绝。如果从社会观念、个人义务与法律角度来看，智妍的丈夫确实是个不折不扣的自私之人。但如果换个角度审视个人伦理与社会道德会发现，智妍的丈夫虽然受够了缺乏精神交流的夫妻生活，但也没有因为对婚姻生活的不满而做出出格的事情，而是郑重其事地先结束这段婚姻，再开启新的生活。从这一点来看，丈夫的做法是可以被理解的。

智妍的丈夫做出离婚的决定前，智妍没有察觉到任何端倪。她一直认为自己的婚姻没有太大问题，直到这种自恋的幻想破灭，才瞬间证实了两人的夫妻关系已摇摇欲坠。

孩子是婚姻的挡箭牌

很多时候，不愿意离婚的一方会把孩子作为强有力的筹码。智妍也是如此，尽管智妍的丈夫承诺会对孩子负责到底，尽全力维持好与孩子的关系，但智妍仍然不依不饶。她一想到未来要独自照顾孩子就深感无助，甚至萌生了不择手段报复丈夫的想法。

遇到这种情况，作为精神分析师，我可以劝慰智妍，让她勇敢地迎接新生活，或者努力做夫妻二人的心理工作，修复破裂的夫妻感情。但这些做法无异于用父权制的教条把两个貌合神离的人强行捆绑在一起。

长时间的感情折磨使智妍仿佛坠入海底，冰冷的海水将她包裹。她茫然四顾，看不见一丝光亮，那种强烈的陌生感和反差感将她吞噬，她最痛苦的一段时间甚至多次萌生过自杀的想法。过了很长一段时间，智妍情绪才稳定了一些，她开始每周两次找我做精神分析。作为一名精神分析师，我唯一能做的就是在她最脆弱不堪的时候鼓励她，陪她一起度过这段破碎的日子。

慢慢地，在做了一些咨询后，智妍不再关注丈夫，开始试着把注意力转移到自己身上。她意识到，一直以来自己似乎从未把丈夫视为丈夫，只把他视为一名监护人，无论何时，都理所应当地与自己共同照顾孩子的监护人。她没有把丈夫视为一个独立完整的个体。所以，当有一天监护人消失不见了，智妍就如同突然失去父母的孩子，内心自然感到害怕与恐慌。

难道没有了丈夫的帮助，智妍就真的无法独自生活下去了吗？其实，这完全取决于智妍自己的选择。之前的智妍没有认清自己的欲望，只想强行构建一个圆满的家庭，直到后来才意识到自己的问题，并为此感到深深的自责。

丈夫的"呐喊声"

丈夫的"呐喊声"也给了智妍一次全新审视自己的机会。她开始重新思考自己是一个怎样的人、有什么理想以及想过怎样的生活。智妍之前一直以为，结婚是帮助她摆脱原生家庭束缚的出路。其实不只是智妍，现实中也有很多女性试图用婚姻打破原生家庭的桎梏。但事实证明，婚姻不是一条没有坎坷的坦途，它意味着你即将踏入人生下一段旅程，而这段旅途里又充满全新的挑战。

有些女性不考虑其他因素，只想通过婚姻改变生活的环境，并且认为这是件很简单的事情。因为这些女性只需要把自己幸福的权利交到他人手上。但她们想要的这种"改变后的生活"并不会一直稳定。因为所谓的环境与另一半都是自己无法左右的可变因素。除此之外，不能因为到了适婚年纪就结婚，更不能因为别人都结婚了自己也草草结婚。

智妍渐渐丢失了自己的灵魂，只扮演了别人的母亲、别人的妻子这些功能性角色。丈夫的一声"呐喊"，打破了她枯燥乏味的日常，破坏了形式上的圆满家庭。这种"呐喊"以最具冲击力和破坏性的方式，暴露出了智妍迄今为止在婚姻中的状态。

智妍的丈夫坦言自己依然渴望拥有自由的生活，他给了智妍一些时间整理心情，希望她慢慢接受这个结果。

　　随着心理疗愈的推进，智妍产生了许多人生感悟。她坦言最近感受到了很多"第一次"。她第一次明确地感知到痛苦和孤独，第一次对未来感到害怕又期待。她像第一次看见七彩世界的孩子，体验着不同的情绪。随后一年的时间里，智妍每周都会抽出时间与自己对话两次，慢慢地找回那个有思想、有灵魂的自己。

　　这样看来，智妍丈夫的离婚通知并不是压倒智妍的稻草。事情会带来什么样的结果，其实取决于我们以怎么样的态度和视角去看待问题。智妍丈夫发自内心的一声"呐喊"唤醒了智妍，也帮助她恢复了爱自己的能力，从而找回真实的自己。

　　面对婚姻问题，我们总是想平复对方的情绪，缓解表层的矛盾，这不仅解决不了根本问题，反而还会暴露出更多的问题。实际上，我们应该接受并允许问题发生，正视感情中出现的问题，在解决这些问题的过程中，找到独立的人格和自我。

情感内耗，及时止损比克服它更有用

"性倒错是所有人在幼儿时期自然而然发生的一
个现象，这个现象在成年人当中很难被发现。"

现实生活中，很多男性在社会上待人接物无可挑剔，但在两
性关系里却表现出了"性倒错"现象。所谓男性的"性倒错"现
象，简单来说是这类男性在一段关系中要求他人服从自己的支配，
享受对他人的控制欲。

这种现象也常见于父母与子女的关系中。富有的父亲以
"钱"为把柄迫使子女听从于自己，直至子女沦为金钱的奴隶。
这种现象也可以称为性倒错行为。他们通过操纵他人尤其是配偶
来满足自己的控制欲望，享受这种无意识的快感。

除此之外，还有的丈夫并没有把妻子当作灵魂伴侣，只是将

妻子作为释放性欲的对象，凭借权力和金钱对妻子任意摆布。这种情况在女性中也有体现，她们往往在两者关系中喜欢控制支配对方。这就仿佛孩子小时候想要完全占有母亲，性倒错就会产生这种欲望，如果沉迷于其中，将难以自拔。

从幼儿时期开始的"性倒错"现象

我们常常把幼儿在固着阶段以性偏离的方式暴露出来的现象理解为"性倒错"，但其实有些人在成年以后，依然会有"性倒错"现象。只是有些"性倒错"现象隐匿在一段看似正常的关系中，不轻易显现，也很难被感知到。

在一段性倒错倾向的关系中，掌握主导权的一方会利用另一方来实现性冲动的欲望。冲动的目的是实现完整的性满足。此处的性满足指的不是身体上的性满足，而是在一段关系中获得的无意识的性满足。

对于表现出性倒错现象的人来说，他们往往把另一方视为满足自己冲动的物体。他们的世界是充斥着权力的游戏世界，他们的性格冲动又具有破坏性，哪怕出轨也毫无负罪感。

即使生活在被法律和道德约束的世界，他们的攻击性和施虐性也可以从细小的行为中显现出来。有性倒错现象的人一旦得不到某个对象，就想将其摧毁掉。即便是自己的配偶，只要不能满足他们的要求，或者不服从他们的支配，他们也会不择手段地伤害对方。

肉体上的伤害是能被直接看见的，反而容易逃脱，而精神上的施虐所带来的伤害却看不见摸不着。精神上无形的伤害往往比想象的还要可怕，它足以击垮他人的意志，摧毁他人的心理防线，将他人置于痛苦和折磨之中。在男女关系中，也有很多人以爱的名义绑架对方，受害者却很难找到具体的证据。

性倒错是所有人在幼儿时期自然而然发生的一个现象，这个现象在成年人当中很难被发现。幼儿时期，婴幼儿吮吸着乳汁，沉迷于母亲的身体，完全依赖于母亲，此时婴儿享受的快感不掺杂任何情绪与意识。然而，有些父母会把孩子幼儿时期对自己的依赖强行延续下去，这些父母的"爱"堪比"牢笼"，禁锢着孩子的自由。虽然他们以爱之名保护着孩子，但殊不知他们这份沉重的爱早已超出了孩子可承受的界限。

在性倒错的关系中，被牺牲的孩子即使长大后组建了自己的家庭，也会以各种形式与父亲或母亲建立亲密关系。有些结了婚的男性，虽然组建了需要自己照顾的新家庭，但相比之下，他们更在乎有父亲或母亲的原生家庭。甚至有的男性会打着"这是子女的责任"的旗号，主动交出自己新家庭的"掌管权"，让原生父母统一"支配"自己的家庭。

一位"巨婴"的挣扎

敏静跟丈夫结婚十多年了，最近她与丈夫的婚姻并不和谐，于是她开始重新审视自己与丈夫的感情。敏静的丈夫在大企业工作，他能力强，性格随和，还经常参加公益活动。不过，敏静丈夫也有缺点，那就是共情能力很差。起初敏静认为丈夫除了这个缺点，其他方面都还不错，就没太在意。可相处时间久了，敏静发现与丈夫的感情越来越不和，矛盾越积越深，于是产生了离婚的想法。

渐渐地，丈夫察觉到了敏静想要离婚的心思。他偷偷咨询律师，提前制定了周密的离婚协议，让敏静毫无还击之力，并且，丈夫故意把孩子当作"人质"，只要敏静有一丝离婚的念头，便以中断孩子的抚养费为由来威胁敏静。

由此可见，对于产生性倒错行为的人，无论和他怎样沟通，做再多的夫妻情感咨询，都是徒劳。举个稍微极端的例子：一个孩子正在享受美食，这时如果你拿着别的食物诱惑他，跟他交换手中的美食，那他八成不愿意买账；但如果美食被抢走了，虽然孩子不情愿，他也只能在地上打滚儿哭闹。同样地，无论是社会权力还是金钱，只要是拥有某种力量的成年人，就不会轻易放弃他所沉迷的东西。

也就是说，当一个人正在享受无意识产生的性倒错时，别人根本无法干预。讲再多道理也没用，即便是最亲近的人出面也无济于事。

在一段关系中，当你意识到对方的行为让你感到身心俱疲，甚至全身精力都被吸走的时候，你要做的不是去克服它，而是及时止损。在这场与性倒错者相处的游戏中，不要试图去战胜一个性倒错者。

如同一个苹果，只要开始发烂，其过程就是不可逆的。你唯一能做的，就是瞄准时机，抽身而退。

男性展示出来的强势，恰恰因为他内心的脆弱

"有些男性希望女性不要过分细究，温顺地臣服于自己即可。还有的男性心中会幻想骑士为君主奉献生命的剧情，因此每当他们看到赤胆忠心、绝对服从的电视片段时，内心总是热血沸腾。"

在父权制或父母强势的家庭中长大的很多男性，在婚后也会以同样的大男子主义的方式对待妻子和儿女。遇到问题时，这类男性通常会说："我既然这么做就一定有我的理由，你相信我就行了。我是一家之主，我希望你能相信我并尊重我的选择。"如果妻子不情愿，反问道："为什么？我凭什么听你的？"这时，夫妻二人就很容易你一言我一语地争吵起来，最终丈夫气急败坏地说道："跟你总是讲不通道理，就知道咬文

嚼字，懒得跟你说了！"

　　细想一下，妻子真的是不通情达理、抓住丈夫的话柄不放吗？不是的。妻子反驳丈夫并不是在咬文嚼字，而是在质疑丈夫说话的态度。"我已经决定好了，你照着做就行了"这句话里暗含的命令与使唤，仿佛是一根刺，扎在了妻子心上。这时，妻子并不能马上意识到，让自己受伤的是丈夫的态度，所以只是本能地对丈夫所说的话进行了反击。

　　其实，丈夫的话里隐藏着他对妻子的要求，同时，丈夫本身就具有一家之主的身份的权威性，态度强硬很容易给人压迫感。而态度和言语背后代表着另外一层含义，就是"听我的命令"。

语言里的潜台词

　　男性的欲望中包含着"忠诚"与"服从"两大方面。所以，有些男性希望女性不要过分细究，温顺地臣服于自己即可。还有的男性心中会幻想骑士为君主奉献生命的剧情，因此每当他们看到赤胆忠心、绝对服从的电视片段时，内心总是热血沸腾。

　　我们都知道孩子需要父母的肯定，其实丈夫有时也像孩子一样，也需要来自妻子的肯定，但丈夫的这种需求不容易被发现。他们跟妻子吵架，有时只是希望妻子理解自己，让自己妻子相信自己的判断。

很多男性害怕展露出自己脆弱的一面，很少有男性会直接说："老婆，我想得到你的肯定和尊重"，因为这样会显得没有男子气概。有些女性能够及时捕捉到丈夫话里的潜台词，并给予丈夫充分的理解与安慰，这样的女性跟丈夫大概率会比较恩爱。现实生活中，不能解读彼此潜台词的夫妻不在少数。当然，不能解读彼此潜台词的原因，主要还是未能察觉到对方的情感变化。

只有认识对方、了解对方，才能尊重对方。要想读懂对方的心思，需要花很多时间在生活中观察对方，了解对方过去的经历。不能只看他所呈现出来的表象，而是需要深入他的内心，仔细考量其背后隐含的信息。也不要总盯着对方的缺点，陷入思维定式，给对方留一些时间，或许对方的真实面貌并没有想象的那样不堪。在婚姻中需要保持爱情中的甜蜜和感性，一旦从这种状态里跳脱出来，丢失了激情，那对他的关心很快让你变得疲惫无力。此外，无论是丈夫对妻子，妻子对丈夫，抑或是父母对待孩子，他们中很多人认为自己为对方倾注了大量的爱和关心，但很多时候这只是站在他们自己的立场上，以他们习惯的方式给予别人爱，但这种爱并不是对方真正想要的。

重要的是，当我们在与对方沟通时，是否真正听懂了对方想表达的意思。我在做精神分析时，经常反思的一个问题便是："我真的理解对方的话了吗？"我也时刻提醒自己不能以一个精神分析师的知识与认知去理解对方的思想与表达。

对爱情负责

坠入爱河的恋人们总会许下各种山盟海誓的诺言。在电影或电视剧中为爱牺牲一切的经典场面也曾打动无数的痴情少女，电视剧里演绎的女性的付出必然也包含着自我放弃。在一段亲密关系中，你能够放弃自己到哪种程度呢？接下来讲一个我自己的真实故事。

成年以后，我便进入了修道院，在这里过了十年之久的集体生活。我与丈夫在修道院相识，三十岁时，我与丈夫计划离开修道院，在做这个决定之前，我们的内心经历了巨大的恐惧与痛苦。在做最后决定的那几天，我的身体一度虚脱，精神与肉体的双重折磨使我遭受了炼狱般的煎熬。那种感觉就像是：我被关在一个密闭的箱子里，有一天箱子突然开了，我站在四周空无一人的沙漠上，迷茫又无助。我不停地向神明祷告却得不到任何回应，绝望之余，只能独自在漆黑的沙漠中艰难地寻求生路。

我始终相信在修道院修行是一条追求真理的道路。在此之前，我并没有准备过另外一种人生。反过来，如果我早已规划好未来的生活，那我之前的修行也就不能称之为真正的修行了。在完全无法预测明天的情况下，我跟丈夫互相鼓励对方。既然神明没有答案，那就让爱情赐予我们前行的力量。

当时还是修士的丈夫想法很简单，他说："如果你决定离开修道院的话，我也会毫不犹豫地跟你走。"如果仔细琢磨一下这句话，会发现有一个前提是"如果你决定离开修道院的话"，进一步解读这句话就是"只要你决定了，不管发生什么我都跟你一起面对"。乍一听像是轰轰烈烈的爱情宣言，但给我的感觉是丈夫有些懦弱，他像一个稚气未脱的孩子。他那句话看似是给我很大支持，但同时也是在说："如果你决定离开，我也会跟着离开。如果你还留在这里，那我也继续待着不走。"无异于把所有决定的责任都推到了我的身上。

在我被无尽的黑暗笼罩，郁闷到窒息的那段时间里，只有我一个人在痛苦地纠结。我知道一个决定的背后要背负怎样的责任，心里越是清楚，压迫感越强烈。压抑的情绪就像藤蔓，它们卷曲的枝丫不断地在我身上蔓延。在这份压抑中也有来自于对丈夫的怨愤，我埋怨丈夫嘴上说着爱我，却在关键时刻表现得十分被动，一副事不关己高高挂起的态度，然后，丈夫只是在我做最后决定时，轻描淡写地说了句"不能再这样继续下去了"，仅此而已。

当我战战兢兢地试图向前迈出一步时，一旁的丈夫不愿冲在前面为我引路，也没有做我坚强的后盾，只是在出现问题时，敷衍地说了一句："我也不知道怎么办才好。"由于当时我的心里已经出现了矛盾与杂念，继续待在修道院也无心修行了，于是我决定破釜沉舟，奔赴下一阶段的新生活。

直面内心的懦弱

女性总是希望从男性那里得到爱的肯定，在我自己遇到的这件事情上，我内心希望得到的回答其实是这样的：

"我选择的是爱情，为了爱情我需要离开修道院。不过即使你不想离开也没有关系，为了跟你在一起，我愿意和你一起留下来，这是我做的决定，也是我应付出的代价，我会对我的爱情负责。"

这才是为爱负责的态度，那个懦弱的、盲目放弃自我的态度，并不意味着成熟有担当。因为他甚至都不能完全理解"放弃自我"的含义。我也同样如此。曾经由我做了某个决定，很长一段时间里我都在向丈夫问责。因为我想让丈夫知道他没有真正在爱我。那个瞬间打破了我对理想爱情的幻想。不过，我与丈夫感情真正的升温也是始于这之后。

后来，我开始专注于精神分析，遇见了形形色色的人，我逐渐明白，我们做出的选择和由此带来的责任，都要由内心那个非常懦弱的"孩子"来承担。我也慢慢懂得，我们必须接受自己性格懦弱的事实。

我们必须要学会承担一些责任才能变得成熟，遇到问题时，鼓起勇气面对，我们才能渐渐成为大人。没有人生来就是大人，也没有人因为年龄更大就可以扬言自己是大人。如果我们不能直面内心那个脆弱的"孩子"，就会被脆弱束缚，无法真正地长大。也就是说，只有正视彼此内心的懦弱与胆怯，多一些沟通与理解，对伴侣的指责与怨愤自然就能得到化解。

"他这个优点是我渴望拥有的"，不要单纯地因此而结婚

> "每一段爱情都是相似的开始，只有在过程中书写不同的故事，才会拥有有趣的灵魂。"

无论男性还是女性，对爱情都有本能的幻想。弗洛伊德说，每个人都有本能的幻想。

所谓本能的幻想，是指孩子在与父母或他人的关系中，所产生的本能的想象，也可以说人们是用本能的幻想构成了现实世界，用幻想的冲动创造了人际关系，尤其是恋爱关系。当然这种幻想往往被层层包裹，并不会轻易显露出来。

女性对爱情的幻想更遵从内心。每个女性看重的特质各不相同，所以她们即便交往了不同的对象，但实际上，她们往往选择

的都是拥有相同特质的一类人。也就是说，虽然交往对象在变，但打动女性且引起女性关注的内在本质并没有改变。

深入分析女性幻想中"恋爱对象的样子"，就会发现很多女性都渴望伴侣成熟稳重、专一且能带来安全感。但幻想终归是幻想，现实是一些女性选择的交往对象，与自己幻想中交往对象的完美形象相去甚远。所以当她们在看到影视剧里的完美男主角时会很容易沦陷。这种幻想也跟小女孩时期对完美父亲形象的渴望相关联。有些女性迷恋另一半身上的一些特质，很可能正是童年时期父亲所欠缺的。于是，她们把对父亲或母亲的期待投射到了伴侣身上。

贤美自从生完孩子以后，跟丈夫的关系越来越疏远。贤美与丈夫明明是夫妻，但日常生活中却像两个凑合搭伙过日子的陌生人一样。

有一天，上小学的孩子突然向贤美发出了一个"灵魂拷问"："妈妈，你为什么跟爸爸一起生活呢？"贤美一时语塞，不知道该怎么回答。她不知道孩子是因为看出什么端倪才提问的，还是仅仅随口一问。孩子不经意的一句话像一块飞来的石子，在贤美原本平静的心中激起了层层涟漪。

为什么结婚？

很多女性在找我咨询夫妻问题时总会提到丈夫的变化。她们一开始很欣赏丈夫的优点，比如有才华、能力强。但是相处时间久了，情况就变了，丈夫身上的优点也不再吸引她们，紧接着夫妻感情也开始渐渐冷淡。

我们有必要重新思考一下，当你决定要跟他结婚时，他身上的那些优点是否真的是你愿意结婚的决定性因素，仔细想一下你和他结婚到底看重的是什么。这个因素就是我们无意识中能够下决心结婚的理由。我们在选择结婚对象时，会在无意识中幻想"用他的优点填补自己的不足"，但这种表面的条件不应该成为是否结婚的决定性理由。

婚姻中常常暴露出来的问题是，已婚女性在因为对丈夫不满而反复争吵时，会因为情感缺失而痛苦，感觉自己婚姻很不幸。这时，一些在婚姻里缺乏爱和重视的女性往往会调转方向，将自己的精力全部都投入到孩子身上。诚然，她愿意为了孩子付出一切，相应地，她也想通过孩子来补偿自己在丈夫那里无法得到的关爱和尊重。

可以肯定地说，能够从这种缺失感和失望中爬起来，好好爱自己的女性并不多。说得直白一点儿，爱情是她们生活的必需品。虽然她们也曾偷偷幻想过婚外恋，但很快就被道德感与负罪感打消了。于是，她们会把情感寄托在电视剧或小说中，以此来满足自己的幻想。收起自己渴望的爱情，麻木地维持一个母亲或妻子这种形式上的身份。

现实中，这些女性的孩子被迫担起了丈夫的角色，不断向母亲供给心灵上的养分。这些孩子虽然已经尽到了子女的义务，但由于母亲过量的汲取，孩子的心灵却成了一方枯竭的"盐碱地"。

在心理咨询的过程中，很多女性试图通过以往的事情来反思自己，但是心理咨询不是一个为了反思而进行的过程。常常对自己的行为表现进行反思，在千变万化的婚后生活面前起不到任何作用，所谓的反省只不过是迎合社会的标准。深入自己的内心，深刻解读自己，清楚地知道是什么令你冲动，冲动是由什么构成的，这才是更重要的。

另外，去尝试着了解自己的内在结构与冲动，与自己的冲动和解，调整实现冲动的方式，这才是为解决问题所付出的努力。若只是一味地增加心理咨询的次数，却故步自封不做改变，那就是根本不了解无意识，成为无意识的奴隶。

读书也好，接受心理咨询也罢，无论通过哪种方式，女性需要主动关注自己的无意识，修炼心智，对生活中"理所当然"发生的事情保持怀疑态度，这是关注自己无意识的开始。

希望女性能保持清醒的头脑，不沉迷于自己所担任的外在身份。任何人都不能完全满足自己的欲望，通过他人获得的满足感只能享受片刻而已。清楚地明白自己的另一半能满足你什么，不能满足你什么，而自己又能接受到哪种程度，才是真正的智慧。

使人情迷意乱的爱情

在生活中，有些女性会不断要求另一半做他做不到的事情，接着又因为得不到而失落。但当女性对另一半不抱有期待时，对方反而会感到不安。他便会好奇你想要得到什么，并主动去完成。

世界上不存在绝对完美的伴侣，一方在生活中完全依赖另一方，这样看似很美好，但极度地依赖对方，甚至固执地要求对方不惜一切代价爱自己，无异于打开了另一扇地狱的大门。爱情中的女性时常会蒙蔽双眼，她们往往单纯地以为对方能够满足她对理想爱情的所有想象。

当男女坠入爱河时，女性会把自己的幻想投射到对方身上，然后陷入幻想中的爱情里。就像前文所提到的，爱情使我们看不清真实的自己与真实的对方，把一切都放在投射的想象中。当幻想消失时，自己也就跟着消失了。诚然，爱情在萌芽时期需要幻想，但如果对爱情自始至终都抱有不切实际的幻想，你就会无法从痛苦和矛盾中解脱出来。时间久了，幻想渐渐褪色，他的真实形象逐渐立体地显现出来，你感觉对方发生了改变，这时，现实和幻想的不同会让你产生一种背叛感，从而折磨自己。但这种背叛感只是自作自受，因为他从未改变，这正是他原本的模样。

每一段恋爱都有相似的开始，只有在过程中书写不同的故事，才会拥有有趣的灵魂。"别人都这么过，我也这么过"，这种态度是对爱情最大的怠慢，而且一方牺牲自己成就对方并不是良性的爱情关系。在我看来，这只不过是统治与服从、支配与依存的关系而已。反观那些经常吵闹但更愿意了解对方的情侣，他们拥有的才是健康的爱情。

和实力强的男性结婚，能够实现阶层跃迁？

"那些慕强的女性，想要通过婚姻实现阶级跃迁，
这本身就是一种幼稚的心理。"

夫妻在一起生活久了总能发现对方的很多缺点，懒惰、木讷、自私、不讲卫生、不着调，等等，这些是令我们忍受不了对方的真正原因吗？我想应该不是的。他所具备的这些性情与爱情本身毫无关联。爱情的本质是"即便如此，我也爱他"，而你之所以讨厌他，大概率只是因为你不想再爱或不想再继续包容下去了。

很多处于热恋期的男女，甚至愿意为对方赴汤蹈火。这种痴狂看似来自外部，其实是源自我们被外部原因影响的内心，也就是所谓的"情人眼里出西施"。当一个人被爱情的幻想占据了大脑，就会沉醉在爱情中，不需要刻意控制也能保持对另一半的忠

诚。同样地，如果心中的幻想破灭，无法把对方看作"西施"时，很多爱情也就走向了终点。

时间久了，当幻想的粉红泡泡破灭，浪漫的激情渐渐褪去，婚姻的脆弱性就显现了出来。为了防止婚姻破裂，就只能靠法律与道德的约束来维系夫妻关系。其实在生活中，婚姻的义务、父母的义务、子女的义务都是如此。一旦没有了感情的支撑，在划分双方的义务和责任时就只剩下要求了。

爱情消失的地方

如此说来，夫妻间的激情消散、感情归于平淡后就应该离婚吗？显然不是的。那些认为爱情消失后就必须离婚的说辞打破了婚姻的规则，缺乏对婚姻最基本的敬畏。如果你对另一半不满，但还想跟他继续生活下去，那么你需要给自己一个维系婚姻的理由，但这个理由不能只是因为担心离婚会伤害孩子。退一步讲，即使你是出于这个原因，也要独自承受这个选择带来的后果，不要等后悔维系这段婚姻的时候，再对孩子进行情感勒索，孩子是无辜的。

除此之外，女性要剖析自己内心的真实想法，仔细考虑一下，你想要的究竟是眼前的这个人，还是仅仅需要找一个男人结婚而已。因为很多女性一方面感觉无法忍受自己的丈夫，另一方面又担心离了婚会过得更苦，女性对于"和谁结婚"这件事缺少清晰的判断。

那么，女性为什么需要丈夫呢？因为很多女性都有慕强心理，喜欢寻找理想型丈夫。然而结婚后，久而久之对方的缺点和不足就会显露出来。之前的闪光点相较于真实的缺点就会黯然失色，所以，这时女性的注意力又会被其他有魅力的男性吸引，但由于受到法律的约束和道德的制约，这些女性就只能把这层幻想寄托于影视剧中的人物。

那些慕强的女性，想要通过婚姻实现阶级跃迁，这本身就是一种幼稚的心理。也有人认为，只要不是为了物质和私欲结婚，两个人能一起面对、克服所有困难，就是真爱。但我觉得这也不能证明两个人之间一定有爱情，这只是按照社会道德标准行事而已。

对丈夫不再抱有幻想，接受丈夫的平凡，才是真正相爱的开始。只有当幻想中的光环散去，才能在平凡里开出爱情的花朵。即便身处贫瘠干涸的荒漠，两个执意奔赴彼此的灵魂也是饱满而旺盛的。弗洛伊德曾说过，真正的恢复是恢复拥有爱的能力。

爱情不是带着主观判断勉强去爱自己不爱的人，爱情的主动性是"被动的主动性"，也就是所谓的接受。这并不是要给对方的特征、缺陷等赋予一种意义，然后再麻醉自己，强迫自己陷入爱情，而是要勇敢地接受对方的不完美，直面感情给你带来的挑战。

住在心底的少女

在分析了大量的女性心理后，我发现很多女性心里都住着一个少女。她有可能是一个从未摆脱幻想的少女。她隐匿在内心的某个角落，时而气愤时而悲伤。少女在成长过程中，总是喜欢构建丰富的幻想。比如，儿时少女的父母经常一言不合就吵得面红耳赤，这时的少女常常堵着耳朵，缩在小小的房间里，进行自我幻想。她想象一个可怜的少女某天会被帅气的骑士所拯救。少女凭借着等待骑士的美好幻想切断了与现实世界的联系，她觉得现实的不幸就是上天给予她的考验。

后来少女长大成人，也与周围的人群格格不入。她感到痛苦，想要挣脱却又无能为力。她不知道这种隔阂其实起因于自己制造的幻想；她更没有意识到自己被孤立的同时却又感到享受。因为这种享受来源于无意识的层面，无意识总是用表面现象掩盖事实的真相。

有这样一个女孩，她的妈妈是个工作狂，整日忙于工作，对女孩的态度十分冷漠。尽管女孩一直被忽略，但她却非常乖巧懂事。因为少女觉得只有不妨碍忙碌的妈妈，才能从妈妈身上得到一点点的关爱。这种无意识的思想无形地压迫着女孩，使她不敢向父母提任何要求。久而久之，这种压抑就积累成了怨愤。

在这种缺乏父母关爱的环境下长大的女孩，结婚后也把自己的女儿教育得同样乖巧。同时，她把不敢对父母提的要求通通转嫁到了丈夫身上。从丈夫的一言一行到生活习惯，她事事插足，处处吹毛求疵，很快，婚姻就出现了危机。

有人问我怎样才能遇到自己内心深处的"固执少女"。其实，"少女"虽然藏在心底，但也会出现在表面。不顺的人际关系、痛苦的情绪、身体出现的症状，都是"少女"发出的信号。在自我的语言表达和反复的行为里也能看到她的存在。

如果真的想认真聆听"少女"发出的声音，就不应该像那些大人一样忽略"少女"，责怪"少女"。这样"少女"才能慢慢显露自己的真实意图。

不是母亲的情绪不稳定，
而是母亲没有得到应有的满足

> "冲动本身没有对错、好坏之分，关键是要弄清楚
> 冲动的来源。"

在电视剧或真实生活中，偶尔会发生这样的事情：有的母亲担心自己一时冲动会把孩子从高空抛下，有的母亲则总是幻想孩子会遭遇种种不幸。她们害怕自己会伤害孩子，常常因此内疚不已。出现这些现象并不意味着她们就是情绪不稳定的坏母亲，而是因为母亲们没有得到应有的满足。

这些现象通常是在女性身心俱疲的状态下产生的，也就是说精神压抑到极限时就会容易出现以上现象。大脑在强烈的刺激下会引发想象，进而使全身进入紧张状态，产生想要得到满足的冲

动。如果单纯地把这个现象归因于情绪问题，从而责怪自己，就等于是在煽动压抑的冲动。

恐惧、厌恶、极度不安等情绪，都是母亲在精神层面引起感官兴奋的虐待机制。她们并不是真正想要伤害孩子。在人体内，冲动会引起极度兴奋，这种冲动会使我们联想到自己最亲近的人处于危险中的情形，让自己暴露在强烈的刺激中。如同有的孩子梦到父母有一天会去世，就会突然从睡梦中惊醒。二者是一个道理。

在这个过程中产生的负罪感，其实并不是因为母亲想象自己会伤害孩子，而是通过对孩子的联想获得无意识的快乐。这种现象对于一些情绪敏感的女性来说是释放压力的一种方式、一种非常暴力的行为。她们把孩子拖进自己幻想的怪圈，用兴奋、刺激、恐惧、不安等情绪填补自己的缺失，从而得到满足。

不满足而产生的痛苦

满足被压抑久了，就会出现两种倾向：一种是实质性满足，另一种是无意识满足。压抑得越强烈，无意识满足的症状就越明显。

我有时候会建议受这种痛苦困扰的女性读一读哲学书。有的女性反映自己在读哲学书时，内心会涌出强烈的抵触情绪。因为她觉得作为一名合格的母亲，更应该关注与孩子教育相关的书籍。这句话乍一听是有道理的，毕竟当下教育孩子的重任似乎更多地落在了母亲身上。不过，她其实也意识到了这只是自己的一个借口罢了。

她意识到，当她把注意力转移到孩子以外的地方时，会感受到一股强大的力量把她推开，使她无法安心去做其他事情。她开始怀疑自己名义上是担心孩子，为了孩子的成长去读育儿类的书，但实际上自己很享受担心孩子所带来的快感。其实这就是以孩子为对象，维持自己所有的能量、刺激、感性与兴奋的行为。因为她不想面对自己的不满与消耗殆尽的缺乏感，所以她利用了这份担忧和不安，但同时也陷入了恶性循环。

另一位女性的情况则有所不同。她并不为孩子感到担心不安，而是将无意识的不满投射到了丈夫身上。导致她与丈夫的感情忽冷忽热，反复无常。她常常担心丈夫可能会跟自己离婚，离婚后自己该何去何从，孩子由谁抚养。只是想象一下就令她十分惶恐不安。直到有一天，丈夫被长期的拉锯战拖拽得精疲力竭，最终决定离婚。妻子的担心终归变成了现实。得知丈夫要离婚的那一刻，妻子瞬间精神恍惚，呆呆地愣在原地。片刻过后，她长长地舒了口气，竟然感到前所未有的畅快。因为她的不安已经变成了现实，她再也不必感到不安了。

在此之前，她与丈夫的感情十分紧张，像是一只一直充气的气球，被丈夫的"离婚通知"瞬间引爆。两人最终是以这样戏剧性的方式各自解脱。但如果女性错误地学习并享受这种解脱带来的快感，以后很有可能会再次陷入婚姻危机。

冲动与不满足

我们都想让事情朝着我们期待的那样发展，但实际上我们的做法却和想法南辕北辙。这就需要我们充分了解自己的精神能量。假设把我们的精神能量比喻成一条汹涌澎湃的河流，你要准确地知道河流的走向，将在何处拐弯，以及怎样汇入主流。河流气势汹涌，不可抵挡，即便你堵住了其中一个缺口，它也会从另一个缺口喷涌而出。所以我们要尊重内心的精神能量，维护好属于自己的精神河流。

任何事情都可以在你的想象中发生。我们绝大部分人都害怕自己的行为被他人议论，如果你的行为伤害了他人，并对其造成痛苦，那显然是不对的。但是仅仅在行为发生前，对行为进行了想象和幻想，就判定自己有罪，这种思维方式也并不可取。所有行为的背后都少不了冲动的推动作用，但是对于还没发生的行为，就认为这个行为是错误的，否定了最根本的自己，认为自己有罪，无异于把自己拖进了无限黑暗的精神地狱。

　　冲动本身没有对错、好坏之分，关键是要弄清楚冲动的来源。为了理解这种冲动的来源，就要放下大脑中冗余的情绪与杂念，深入剖析自己，向自己提出最根本、最真实的问题，带着问题去思考才是最正确的态度。因为比起得到最终的答案，不断地提问与探索才是最尊重自己的做法。

结婚后仍在供养原生家庭的女性

> "我们习惯于承受生活的重担，而常常忽略了最重要的东西。"

有位女性是一名忠实的基督教徒。二十五年来她跟丈夫的关系一直都不和，有一天在祷告时，她突然醒悟了。她忽然觉得丈夫也很可怜，同为上天宠爱的儿女，她应该怜惜自己的丈夫。于是就破天荒地对丈夫的所作所为释怀了。

自此之后，她跟丈夫的感情开始日渐升温，但一波未平一波又起，令她没想到的是儿子跟丈夫的关系又闹僵了。因为在儿子成长过程中，他常常目睹飞扬跋扈的父亲欺负柔弱的母亲，他因此憎恨父亲，为母亲打抱不平。所以，这位女性又被迫夹在中间，调和父子之间的感情。

虽然她二十五年间受尽了丈夫的折磨，但还是觉得儿子的行为越界了，并为此责备了儿子。看着伤痕累累的母亲至今仍在袒护父亲，郁积在儿子心中的怒气变得越来越多。

可是，她真的原谅丈夫了吗？既然如此讨厌丈夫，她为什么还要忍二十五年呢？

无意识里的"没事了"

这位女性有一位体弱多病的母亲。母亲自私冷漠，早早地就让她辍学工作了。从二十岁开始，她每月都要拿出一半工资上交给母亲，即使结婚后，娘家的事情依然需要她亲力亲为。

她是家中的长女，母亲把从她手里拿到的钱用来接济儿子。她也跟母亲诉过苦，然而换来的却是母亲的一顿数落。她讨厌这样的母亲，多次试图逃离原生家庭的牢笼，可面对在自己面前上演苦情戏的母亲，她的心又一次次地软了下来。

在这期间，她与丈夫之间也摩擦不断。她的丈夫嗜酒成性，让她吃了不少苦头。虽然丈夫这些年也在勤勤恳恳地赚钱养家，但她还是怨恨丈夫。对娘家母亲无法发泄的怨气，加上对丈夫各方面的怨恨，让她整整痛苦了二十五年。被母亲过度剥削，又无法挣脱权力的枷锁，无奈之下，她只能把全部精力投入到工作中，通过不断地赚钱来满足母亲的索取。

丈夫与儿子冷淡的关系，让她的生活变得更加吃力。她第一次来咨询室的时候，不是因为自身的问题，而是为不知道如何解决丈夫与儿子的矛盾而苦恼。她觉得现在自己已经没事了，只剩下丈夫和儿子的问题了，她迫切地想要改善父子两人的关系。

这位女性一路走来的确承受了许多苦难，但我对她却无法产生共情。因为面对母亲无休止的压榨，她选择的是逆来顺受。她浑然不知自己的懦弱，也始终没有发觉自己在无意识中已经把愤怒与欲望都投射到了父子两人身上。没有对自私的母亲奋起反抗，就是对自己及家人最大的不负责。

她不知道自己对家庭的忽视所引发的代价是如此痛苦。最让人不可思议的是，他用所谓的大爱原谅了丈夫，却转身把痛苦的矛头指向了儿子。正如她所说，丈夫也是上天宠爱的造化之物，可值得怀疑的是，为什么她破天荒地理解了丈夫呢？在我看来，这其实是一种无意识的欺骗，在无意识的层面上，她已将自己长期的愤怒悄无声息地发泄到了儿子身上。

她并没有真正原谅丈夫，只是打着原谅的幌子自欺欺人而已。她试图顺理成章地让儿子替她承担这一切，未料儿子并不轻易买账。

世上没有绝对的弱者，也没有百分百的强者。只要我们不否认无意识的存在，就没有绝对的被害者与加害者，以及与生俱来的善与恶。

我们习惯于承受生活的重担，而常常忽略了最重要的东西。因为欲望将我们牢牢束缚，我们不敢直视内心，更害怕揭开灵魂深处的伤疤。

但目前为止，这位女性所做的一切牺牲并不是毫无意义的。只是她需要清楚地知道自己做了什么，要具备接受现实的勇气，然后冷静地思考为了自己与家人应该承担怎样的责任，而不是逃避现实，只想消除儿子此刻的愤怒。只有这样，儿子才会逐渐理解她。

与缺失母爱的自己和解

小时候，振宇的母亲身体不好，经常生病住院，他几乎是奶奶和爸爸一手带大的。大学顺利毕业后，振宇经营了一家公司。他能力强，在公司里的口碑也不错。然而在振宇五十岁这一年，他的事业遭遇了滑铁卢。祸不单行的是，他不久后又患上了恐慌症。振宇万般无奈下找到了我。

振宇第一次来咨询室的时候，跟我谈了许多关于他父亲的话题，言语中能听出来他很爱自己的父亲。对于实际接触不多的母亲则少有提及。由于奶奶在他上大学期间去世了，他就跟父亲相依为命，结婚后也把父亲接到了身边一起生活。

实际上，振宇从四十岁开始，各方面都不是很顺利。他跟妻子是因为爱情走进婚姻，可相处时间久了却发现夫妻间越来越没有共同语言。随着精神上的孤立感越来越强烈，突然有一天他出现了恐慌症的症状，这种突如其来的心理疾病吓坏了他。

之后他接受了两年半的精神分析治疗，开始逐渐展现出真实的自己。振宇说他恐慌症发作时，脑海里突然浮现出了母亲的影子，他吓得打了个哆嗦。因为他来找我咨询的时候是他五十岁那年的秋天，而他的母亲得老年痴呆住进养老院也是五十岁那年的秋天。一切看起来很巧合。他开始一一想起那些曾经被他忘得一干二净的记忆碎片。突然回忆起母亲和母亲年轻时生病住院这两件事看起毫无关联，振宇也说："理性一直告诉我这是无稽之谈，但是内心又不自觉地相信其中一定存在必然联系。"

为什么振宇偏偏在这个节点上突然出现母亲的幻觉呢？这与父亲和奶奶有很大关系。受父亲和奶奶潜移默化的影响，在他很小的时候母亲就背上了不负责的骂名。父亲与奶奶试图从他的脑海里剔除母亲的形象。他从小就习惯了逆来顺受，享受被父亲和奶奶管教支配的满足感。但后来，随着他们的老去，这种满足感渐渐无法为他提供生活的意义和快乐了。

事实上，把母亲看作坏人的这几十年，让他内心时刻充斥着丧失感。即使父亲时刻陪在他身边，也不能消除他对失去母亲的那份哀悼。而出现这种症状的时期与母亲无法自理、生病住院的时期出奇的一致，这让他十分震惊。

他逐渐明白了，他一直认为的那个"坏母亲"，其实是个备受父亲和奶奶精神虐待的可怜人。父亲除了给他灌输母亲不负责任的想法外，也会安排他的生活，就连他深爱的妻子也是父亲一手安排的，直到前来找我咨询，他才明白父亲对他的操控。父亲的目的就是为了选一个能接受跟长辈一起生活的儿媳妇，以便满足其作为父亲的控制欲。

知道了自己深爱的妻子不是"妻子"，只是父亲为了满足自己控制欲的"儿媳"，他并没有一反常态，也没有变得不爱妻子，而是忽然理解了妻子。他之前总是把自己的幻想投射到妻子身上，因此瞬间对妻子心生愧疚。

那个遭生活排挤、被边缘化的母亲对年幼的振宇而言，是不可或缺的感情寄托，是他思念和依恋的全部。虽然和母亲一起生活的经历有限，但那个被语言暴力所压迫的母亲影响了振宇的整个人生，她的影子四散在振宇生活的每个角落。

知道这件事情的来龙去脉，并不意味着会给振宇的生活或身体带来直接影响。只是可以让他对母亲的缺失郑重其事地哀悼，而哀悼的方式也将指引他做出未曾尝试过的选择，迈向不同的道路。

沉浸在好妻子和好妈妈的幻想中

"在自己无法维持无意识的快乐时，或者快乐猛然袭来、令人感到可怕时，我们的不安感就会悄然降临。"

前面我提到过，有的妈妈偶尔会有想扔掉孩子的冲动，因而她们害怕自己一时冲动伤害孩子，这不意味着她们就是情绪化的坏妈妈。她们会这样的原因来自于冲动的压迫与不满足的心理。

不要被心理的不安感欺骗。女性们无数的不安感看似是真实存在的，但事实却恰好相反。我们该如何面对不安感呢？作为一名精神分析师，以下是我给出的建议：

"不安感是大脑在无意识下产生的冲动信号，我们需要追寻这个信号进入到更深维度的无意识中。如果不这样做，我们的一生就会被现实的借口欺骗，在痛苦与解决痛苦的道路上循环往复。"

探索无意识

想要对无意识进行探索，需要我们对看似理所当然的原因心怀戒备。倘若痛苦与矛盾反复出现，那就证明是无意识发来的信号。这时需要做的不是急于扫清现实中面临的障碍，而是沿着信号追本溯源。所有事情都需要反过头思考它的根源。

如果某段关系、某件事情、某种状态令你十分厌恶，却又周而复始，这时就要警惕是不是你在无意识中正享受着这种状态。只有认识到这一点，你才能进入无意识的狭窄通道，探寻更深维度的东西。无意识的享受能够治愈意识层面的痛苦、厌恶、恶心与不安感。

这种无意识也会切换对象。例如：妻子无论跟丈夫怎样争吵，丈夫都毫无改观，于是妻子索性放弃了改变丈夫，对丈夫不再抱有任何期待。表面上妻子放下了期待和苛责，但实际上却把矛头指向了孩子，继续对孩子施压，从孩子身上索取满足感。

夫妻游戏

很多男性平时应酬多，喝酒已是家常便饭。不少夫妻都会为此吵闹。虽然不能说酒是激化夫妻矛盾的普遍诱因，但很多女性都是因为丈夫喝酒而饱受痛苦。除此之外，很多女性还要一手包揽育儿和家务的重任，为了家庭的稳定，在丈夫面前尽可能委曲求全。

一个家庭中，似乎总有一方需要付出更多。这个时候，不少女性选择默默做出更多牺牲，充当贤内助的角色。受男强女弱的思想影响，女性甚至会放弃自己的事业和前途，回归家庭，相夫教子。但这种放弃并不是心甘情愿、不求回报的，所以由此引发的夫妻矛盾层出不穷。

一些职场女性也有类似的困扰，很多女性会强调自己为家庭所做的牺牲，并以此要求丈夫主动承担起剩下的事情，比如早点儿下班回家帮忙做家务、周末陪家人出去散心等等。

但她们没有提具体的要求，只是希望丈夫能自觉承担起剩下的责任，以便弥补自己所做出的牺牲。女性们自动放弃了自己所有的权利，也就意味着将幸福快乐的大权交给了丈夫。这时夫妻两人就像在玩一场无声的拼图游戏，妻子精心设计好游戏版图，她生怕丈夫不能把卡片准确地放在相应位置。

男性对此却不以为意，他们并没有给予妻子期待中的关怀与温暖，甚至认为妻子的付出是理所当然的，很快便转身投入到自己的事业和兴趣中去了。备受冷落的妻子心灰意冷，开始向丈夫抱怨自己的不满，丈夫每天照常喝着酒，但是看到妻子生气的脸色时也会低眉顺眼。然而，丈夫这么做并不一定是因为多在乎妻子，只是喜欢在妻子的抱怨中寻求刺激，一再挑战妻子的底线。

倘若妻子不再唠叨、不再限制丈夫喝酒，或许酒精对丈夫来说就会变得索然无味，不再那么使丈夫有欲望。妻子的唠叨和不厌其烦的抱怨，不仅没有降低丈夫喝酒的频率，反而更加刺激了丈夫喝酒的欲望。

无意识的享受

重要的是，妻子的确因为丈夫喝酒的问题饱受困扰，但是给丈夫脸色、唠叨丈夫，只会让丈夫变本加厉。夫妻两人仿佛是在打游击战，妻子在这个不愉快的游戏中享受无意识的乐趣。这里说的享受并不是一般概念里的享受，而是无意识中的享受，是通过对自己厌恶事情的发泄来获得快感。

这时，女性的乐趣是"把满足自己的责任"推卸到了男性身上。有些女性不会直接对男性提出要求，让他满足自己的要求，而是希望男性能够自觉意识到她的要求，而男性又对此视而不见。在这个过程中女性会在背后催促男性进而从中获得享受，将自己已经放弃的权利变成享受这场游戏的合理依据。如果男性能够意识到妻子是为了家庭而选择放弃，并予以积极配合，这无疑是件幸事；但人类，尤其是男性更习惯于满足自我的快乐。这种行为并不特指某个人或是有人格缺陷的人，而是一种普遍性的存在，所以，在这个过程中女性会再次感到不安。

在自己无法维持无意识的快乐时，或者快乐猛然袭来、令人感到可怕时，我们的不安感就会悄然降临。我们很容易会把这种不安感误认为是现实中需要解决的问题，这是因为现实发生的不好的事情总能合情合理地成为不安感的来源。

她们享受这种奇怪的关系，从结构上来看是癔症的一种。对她们来讲，"好妈妈""品行端正的人""谦逊的人"这些形象是幻想中最理想的形象，如果自己追求自我满足就会破坏那种理想的形象，并且有的女性对于直接追求满足、获得快乐会带有一种无意识的负罪感。值得注意的是，无意识的世界绝不会被常识与伦理所支配，无论何时都要做好我们的意识与感觉被无意识欺骗的准备。

向对方索取他没有的东西和品质，如何能得到满足？

> "有的人甚至毕生都在为填补缺乏而奔走劳碌，
> 因为缺乏的存在，继而引发对拥有的渴望，最后就演
> 变成了永远无法填满的欲望沟壑。"

有一个跟我关系很好的后辈，跟我吐槽她最近的烦心事。

"前辈，我跟男朋友交往也没啥特别的要求，就是平时能陪我聊聊天儿、散散步就很好。可他却不乐意，我又没提什么过分的要求，让他陪我晚饭后散个步简直比登天还难。我到现在交往的对象一开始看起来都挺不错的，怎么谈到最后都是这种粗俗又没情调的人啊。你说是不是我哪里有什么问题？"

这种生活中看似简单的小确幸，对后辈来说似乎成了无法实

现的事情。走在路上、在公园里经常会看见情侣一起聊天走路的情景，为什么在后辈这里却成了难题呢？难道真的是因为后辈只能吸引那些整日闷在家里的男生吗？

我渴望什么？

如果我们有一个非常渴望的东西却总是得不到，我们为此感到沮丧失望，此时一定要问问自己："这真是我想要的吗？"

现实生活中，愿意跟女朋友一起牵手散步的男生大有人在。不是说后辈交往不到能跟她风花雪月的男生，而是当这种男生真的出现的时候，后辈会觉得他太没有魅力。若后辈的欲望真的就是享受平淡的幸福，她完全可以选择这种男生。

为了弥补自身的不足，变成更好的自己，而不断去努力，这才是欲望的意义。如果你非常急切地想要得到某件东西，却屡屡受挫，可即便如此你依然想得到它，这时你应该思考一下自己真正想要的究竟是什么。就像后辈的愿望看似朴实无华，实际上她无意识的欲望却在别处。

仔细想想，后辈总是向男友索取男友不具备的东西，紧接着又因得不到而难过，沉浸在得不到的缺乏感中。当缺乏感被填补后，便将男友抛弃。她在两性关系中，总是不知足，内心时常有种缺乏感，进而不断地向男友提出各种要求。如果此时男友一改往日风格，变成了后辈想要的样子，后辈会感到幸福吗？我认为大概率不会。突如其来的满足感反而会让后辈变得手足无措，迷失自我。

拉康说："爱情就是将自己没有的东西给了不想要它的人。"这句话包含了真正的自我放弃。男友为了后辈，从当初不解风情的木讷宅男，变成了晚饭后陪女友散步的贴心暖男。但奇怪的是，即使男友做出了后辈想要的让步与牺牲，却依然不能满足她的欲望。

我们向对方索取没有的东西，不断要求对方满足自己的欲望，如果此时双方的欲望齿轮没有完美咬合，自然会造成困顿与悲剧。拉康把我们想要的，但是对方不能给予的东西，称为阿伽马（Agalma）[①]。

欲望是填不满的黑洞

欲望使我们渴望缺乏的东西，举个具体的例子：有位女性特别想要一个奢侈品牌的包。她省吃俭用，拼命攒钱，终于买到了那个心仪的包。按理说，此时她应该得到了满足，可这种满足的喜悦很快就消失了，因为她又看上了一款刚推出的新包。于是她

---

① 阿伽马（Agalma）在希腊语中意为荣光、装饰物、神的供品或小神像，出自柏拉图《会饮篇》。——译者

收藏的包变得越来越多。

这里的欲望指的不是拥有这个包，而是为拥有这个包而努力的行为本身。在得到的瞬间缺乏感便会油然而生，于是接着用新包来填补心中的匮乏。

再比如，还有这样一种现象：假设某人从只有十平方的小单间搬到了二十平的房间里，按道理他会感到非常幸福，但他不满足，又渴望搬到三十平的房间里。欲望如同雪球，越滚越大，因为他的眼里只看见了缺乏，因而总想搬到更大的房间。

欲望会无休止地反复，之所以欲望无止境，是因为欲望本身就会滋生欲望。有的人甚至毕生都在为填补缺乏而奔走劳碌，因为缺乏的存在，继而引发对拥有的渴望，最后就演变成了永远无法填满的欲望沟壑。

关于欲望，拉康给出了如下公式："要求减去需要，所得之差就是欲望。"

欲望是想得到真正需求之外的东西，是绝对满足不了的黑洞。人类有生理上的需求。例如，肚子饿了就想吃东西，吃完东西肚子饿的感觉就会消失。需求是一种语言，来自于需要满足的要求。产生了肚子饿的要求，紧接着就引出了吃饭的需求，但酒足饭饱后我们还会感到空虚，所以还会再喝点儿咖啡，吃些水果，总感觉吃不饱。所以就会纠结接下来吃点儿什么，而此时寻找食物的行为，就构成了欲望。

无法满足的欲望

　　我们向对方提出某种要求时，认为是由于过去的缺乏或伤痛引起的（大部分是这个原因）。如果满足了这个要求，内心就会感到满足。但即便爱人给予自己充足的关爱或是填补过去的缺乏和伤痛，欲望也不会得到满足。因为欲望本身就是想要获得更多，欲望本身是为了填补空缺，但反复去满足欲望就会逐渐衍生出贪念。

　　我的后辈总是反复选择能引起自己情绪需求的男性，总是为了弥补同样的缺乏而重蹈覆辙。向男友提出自己的要求本身就是一种欲望。要么就选择能够维持这种欲望的男友，要么就是不动声色地怂恿男友满足自己的欲望。

　　所有关系都存在欲望的结构。其中在夫妻之间、父母与子女之间反映最为明显。每个人根据自己的内在需求不断追逐欲望，每个人追逐欲望的形式也各不相同。它可以是破坏型的、施虐型的、被虐型的，也可以是克服欲望重新找寻自我型的。那些停止内耗、停止消极型欲望、追求提升自我的欲望，可以看作是自我的升华，而让内心的欲望升华的第一步，就是自我分析。

为何女性和男性出轨的结果截然不同？

"我们情不自禁地沉迷于电视剧中的完美爱情。它
让我们短暂地脱离现实，沉浸其中并哀悼现实的可悲。"

电视剧《阳光先生》播出时受到了广大观众的喜爱。当时我
身边的同事对这部剧特别着迷。偶尔一些找我咨询的来访者也会
跟我聊起他们印象深刻的电视剧。闲下来的时候，我就会把他们
喜欢的电视剧找来看一看，虽不是每一部都从头至尾认真看完，
但遇到一些名场面我都会耐着性子用心感受。

女性会幻想有一位像父亲一样爱自己的男性，无须开口就能
清楚自己的心意，像一个无所不能的超级英雄，在紧要关头帮助
自己。在《阳光先生》这部剧中展现了多名男性对一位女性的不
同爱慕方式。

剧中三位男主对女主的爱用一个词概括就是"护她周全"，为了保护女主，不惜献出自己的生命。三个性格截然不同的男主有一个共同特点——他们都有恋母情结。女主刚正不阿、甘愿付出的品质恰好符合韩国传统母亲的形象。在这些充满隐喻元素的浪漫爱情背后，隐藏着根本的近亲相奸的欲望。很多电视剧之所以受到女性们的喜爱，是因为其背后的核心元素都是为了满足女性的性幻想。

那些精心设计的性幻想

难道只有女性有性幻想吗？其实人类近亲相奸的欲望呈现出多种多样的形式。在《阳光先生》这部剧中，女主被丈夫狠心抛弃，独自一人抚养孩子。一天，一位长相帅气、年纪比她小的男子闯入了她的生活。男子悉心照料女主的孩子，与孩子处成了亲密无间的朋友，于是女主心动了。

这种情景暗含着一种美丽的隐喻，用深层次的维度解释是：年轻男子想要除掉自己的暴君父亲，从而拯救自己的母亲，进而隐晦地渗透出男子性乱伦的欲望。这名年轻男子无意识里有一种占据父亲位置的欲望，希望保护自己的母亲不受父亲的伤害。他渴望夺回父亲的位置，代替父亲再次与母亲相爱。而这位带孩子的女性就是年轻男子"母亲"的投影，男子认真照顾这位女性的孩子，成功解救了孩子，如同解救了儿时的自己。

除了近亲相奸的情况，还有一类男性，他们以法律、规则和秩序来约束自己，同时也强迫他人迎合自己，进而从支配别人的过程中获得乐趣。这是典型的控制欲，也可称之为强迫症。而那些战争题材的电影之所以一直深受男性观众的狂热追捧，原因也是如此。电影里演绎的统治阶级的暴力和虐待，战士对军令的绝对服从，满足了广大男性的胃口。

除此之外，有些男性已有外遇却不离婚，并不是因为他们对妻子的爱远超于其他女性，而是他害怕动摇规则与秩序。对他们而言，家庭这一秩序虽无关爱情，却是不能被轻易打破的。有些女性认为丈夫出轨但不愿离婚的原因是，相比其他女性，丈夫更爱的还是自己。这样的想法等于赋予了那些男性一个冠冕堂皇的出轨理由，而这一切只是部分女性的臆想而已。

当然，现实生活中婚外恋不分男女。有些女性的婚外恋愈演愈烈，最后纸包不住火的时候，便果断离婚。关于她们离婚普遍比男性更果断的原因，目前业界各执一词。我认为部分原因是女性在越界后很快能达到快乐顶峰，而有些女性的挑衅与大胆甚至远远高于男性。因为她们的女性气质（feminity）中包含着超越法律、对一切都不在乎的特质。

似是而非的快乐与哀悼

很多爱情片都有着如出一辙的剧情。男女主人公一见钟情，然而奔赴爱情的过程并不是一帆风顺，他们为了爱情跨越重重阻碍，最终迎来幸福美满的结局。电视剧里的爱情总是热烈又浪漫，而当他们真的打破了所有禁锢，获得圆满爱情时，观众在感到满足之时又会有淡淡的失落感。

"男女主人公最终过上了幸福的生活。"

电视剧会有结局，但我们的欲望不会结束。后来他们会怎样呢？他们会一直相爱到老吗？如果把电视剧的男女主搬到现实中，说不定他们也跟普通人的爱情一样最终都会归于平淡。我们都知道爱情总有激情消退的时候，可即便如此我们还是情不自禁地沉迷于电视剧中的完美爱情。它让我们短暂地脱离现实，沉浸其中并哀悼现实的可悲。我们从剧中又一次获得了久违的欢乐，但这种欢乐并不真实，我们清楚地明白这只不过是一种镜中看花的欢乐罢了。

藏在情感关系中的权力

> "在一个人强大的控制欲背后，往往有着不为人知
> 的脆弱，而真正的强大只有不再害怕自己的脆弱被人知
> 晓时才能真正显现出来。"

美国电影《魅影缝匠》（*Phantom Thread*）非常细致又象征
性地表达出了男女的欲望。描绘了追求完美的自恋型男主人公雷
诺兹，与试图通过雷诺兹来证明自己的女主人公阿尔玛之间热烈、
隐秘，甚至某种程度上有些邪恶的爱情故事。

电影中阿尔玛为雷诺兹付出了很多。她不顾一切为爱献身的
模样像极了现实中很多女性对待爱情的态度。阿尔玛为了雷诺兹
一改往日风格，重塑了一个全新的自己。雷诺兹是英国时尚界著
名的裁缝，他问阿尔玛对自己做的衣服是否满意，而阿尔玛表示

自己没有特别钟情的款式，只要是雷诺兹设计的自己都喜欢。这段对话精准地戳中了女性的心理癔症，这是一种为了男性放弃自我，试图从男性身上获得认同感的表现。

无私奉献的背后

从前阿尔玛讨厌自己的身材，而雷诺兹让她再次接纳了自己，她在雷诺兹这里得到了认可。但是女性的妥协并不是没有底线地放弃自己的想法，也不是单纯的百依百顺，而是为了实现自己的欲望。剧中的阿尔玛便是如此，她没有为了迎合雷诺兹而完全放弃自己。

雷诺兹有一套自己严格的生活习惯和处事风格，但阿尔玛也非常有主见，不会对他唯命是从，依然会在他面前倒水、切面包，做出雷诺兹反感的行为。同时，阿尔玛也想成为雷诺兹的绝对需要，她想要变成雷诺兹唯一的情感对象，证明自己是被需要的。

控制欲的背后

一次，阿尔玛在采蘑菇时发现了一种有毒的黄斑蘑菇，这种蘑菇会让人发烧、呕吐，但少量食用不会致命。她想起雷诺兹在虚弱时对自己的依赖，便偷偷将蘑菇的毒素放进茶里。雷诺兹有所惊觉，似乎看出了其中的蹊跷。但令人没想到的是，雷诺兹没有因自己被下毒而火冒三丈，他选择了欣然接受。毒药发作后，雷诺兹虚弱地躺下，这一刻他完全臣服于阿尔玛。在她的照料下，他毫不设防，做了一回真实的自己。

要知道，雷诺兹有强烈的控制欲，那些与雷诺兹交往过的女性，都是作为填补他内心缺失的一种存在，所有的一切都是严格按照雷诺兹的方式和标准去做，容不得半点儿反抗。

雷诺兹不喜欢失控感，一切都要以他为中心，在阿尔玛之前的女性都不敢轻易越界。同时，雷诺兹也有恋母情结，他的第一任女友曾试图走进他的内心，充当他幻想中的母亲角色，但没能成功。阿尔玛也觉察到了雷诺兹的这一点，她坚持不懈地试图打开雷诺兹的心房，当她要占据雷诺兹心中母亲的位置时，起初雷诺兹非常排斥，但最终还是妥协了。他吃了阿尔玛的毒蘑菇，把自己完全地交给阿尔玛，也意味着把自己扔进了一个无法预测的模糊世界。这是男性所做的最危险、也是最困难的爱情选择。

在一个人强大的控制欲背后，往往有着不为人知的脆弱，而真正的强大只有不再害怕自己的脆弱被人知晓时才能真正显现出来。因为阿尔玛走进了他的内心，雷诺兹吃下了阿尔玛的毒蘑菇，也意味着接受了与她之间的关系，他满足了自己对爱和关怀的渴望，同时也满足了阿尔玛对被需要的渴望，或许也不失为一种强大。

爱情的缺憾

英勋来找我咨询的时候，已经罹患癌症，生命进入了倒计时。他打算在临终前好好总结一下自己的一生，无所畏惧地面对死亡。

英勋今年五十五岁，他五岁时父母就离婚了，奶奶亲手把他带大。奶奶代替妈妈，用比任何人都深情的爱养育了英勋。在奶奶的呵护下，英勋平安健康地长大，后来他去了大企业就职，一切都比较顺利。但事实上，即便奶奶给了他足够的关爱，英勋还是感觉因为母亲的缺席而心里空了一块。

"我是被母亲抛弃的孩子"，这个声音始终萦绕在英勋耳边，给他的心上留下了无法愈合的伤疤。缺失母爱的英勋从大学开始内心就十分孤单，谈恋爱也非常黏女友，当孤独感和空虚感仍无法得到排解时，他就借酒消愁。这导致原本是模范生的英勋一喝酒就性情大变，经常酒后失态。

后来，英勋遇到了心仪的女孩，婚后育有一双儿女，孩子长大后也顺利考上了大学。不过，英勋的婚姻生活并非一帆风顺。听英勋的妻子说，丈夫平时温文儒雅的，对她呵护有加，但只要一沾酒就失去理性，完全像变了一个人一样，对她粗鲁地呼来喝去，暴躁易怒。

英勋和妻子结婚几年后，就开始酒后对妻子施暴。这里有一个值得考究的时间点：英勋开始使用暴力时，他的大儿子刚好五岁。从精神分析的角度来看，无论是无意识的记忆也好，还是从周围家人那里听到的信息也罢，这个时间节点都有着重要的意义。在英勋内心深处到底发生了什么才会对妻子酒后施暴呢？英勋对妻子施暴时儿子五岁，这与英勋五岁时被母亲抛弃的年龄出奇地相仿，英勋的这种行为可以解释为对母亲的哀悼和报复型行为。

更重要的是，英勋把对母亲的暴力行为投射到了妻子身上，并幻想通过这种方式与母亲间接接触，英勋的暴力行为从症状上来看是一种寻找母亲的方式。

英勋在家中属于大男子主义类型，所有事情都要以他为中心，妻子默默忍受着，对他唯命是从，婚姻才得以维系这么多年。当然，妻子也多次想带着儿子一走了之，但她知道其实丈夫内心也有着难以言说的伤痛。最后妻子于心不忍，决定陪他走完人生的最后一段路。

重要的是陪伴

英勋跟我说，从患癌到现在是他一生中最幸福的时光。妻子每天都悉心地照顾他，他像一只虚弱的小羔羊，乖乖地听着妻子的话，他很感激妻子。而妻子也从丈夫那里拿到了权力的"交接棒"，也享受了一把"统治"丈夫的待遇。妻子并没有对日复一日的照料生活感到厌烦，她照常制定每天的计划和食谱，认真做好每顿饭，丈夫偶尔不听话也会批评丈夫，这样的日子反而让她再次感受到了生活的希望。这种希望不是来源于丈夫的病痛，而是她认为或许只有在面对生死离别之时，夫妻才能真正体会到相伴一生的难能可贵。

婚姻生活当中，一直反复出现、压倒英勋的哀悼结束了，死亡的脚步也临近了。英勋说，他明白了自己所害怕的死亡其实也是一种解脱，于是便不再害怕死亡。死亡只是每个人都会跨越的终点线而已。

我无法预知英勋的生命还剩多久，期待他能跟妻子一起平安无事地跨过命运的这道难关。英勋说即使自己的日子所剩无几，但只要剩下的每天都跟妻子一起相伴度过也就无悔了。这种爱或许看起来有些自私，但是不管最后结果如何，只要两人真诚对待彼此，便胜过了所有。

细想一下，英勋表达爱情最壮烈的方式不就是把自己剩下的生命时光全部交给了妻子吗？他最终放弃了自己一生都在追求的控制家庭的权力，在生命终结之际，完成了权力与爱情的交接仪式。

第三章
与男权思想保持距离

—— 女性的自由

摆脱父权的控制

"不要自责——认为自己破坏了父权秩序，因为所谓的普遍认可的、正确的秩序，就像是这个世界为掌权者打造的特定的游戏规则。真正重要的是你在任何团体与家庭中都能够独立地做自己，不凭借他人获得安全感，这种安全感才能够让你做真实的自己。"

明贤这几年一直勤勤恳恳地服务于教会，细心地辅佐着牧师。她人品很好，乐于助人。只要是能减轻他人痛苦与困难的事情，她几乎都愿意去做。

一开始牧师没有把明贤对他的好照单全收，他有意识地与明贤保持着一定距离，也善意提醒她要把自己的成长与幸福放在首位。牧师的一番话，让明贤更加谦逊，充满干劲儿。她谨记牧师的教诲，一鼓作气读完了神学院的功课。但人的精力毕竟有限，很难凡事都兼顾到位，明贤对信仰的追求逐渐痴狂的同时，与丈夫的关系越来越疏远。跟牧师比起来，明贤的丈夫既不成熟又缺乏智慧，就像一个幼稚的孩子，明贤越来越嫌弃丈夫。

随后，明贤索性把所有精力都放在了教会活动与修行上，但后来她发现牧师越来越喜欢插足自己的事情，虽然有些事情与教会有一定关系，但牧师的做法让明贤感到失去了自由。

时间久了，连明贤的家庭琐事牧师都要评头论足。明贤对儿子有半点儿疏忽，都要受到牧师无情的训诫。受到指责的明贤一度陷入了自我怀疑，她把所有问题都归因于自己，在不断自责中产生了深深的负罪感。明贤的精神状态越来越差，她感到这样继续下去会影响自己的信仰与家庭，于是来到了心理咨询室。

从精神分析的角度来看，明贤内心深处把牧师当作了幻想中的父亲，她对牧师的"效劳"实际上是把对父亲的渴望与归属转换成欲望表现了出来，而牧师对明贤的态度则是带有虐待倾向的男性属性的投影。也就是说，这种患有自恋、强迫症的男性想要通过控制女性的幻想来使自己变得更加完美，并从中获得快乐。

神化的父亲形象

黑格尔曾提出了一个关系辩证法，叫作"主奴关系辩证法"。从这一辩证法中可以看出，主人离不开奴隶的称赞和崇拜，即主人因奴隶的劳动、崇拜和尊敬而存在。主人只有持续鞭策奴隶，使其不安、恐惧、充满负罪感，真正服务于自己，才能获得自我认同感。这种现象在我们的日常生活中很常见。其中，在宗教中的领袖和信徒的关系中表现得最为突出，其次在家庭中的妻子与丈夫，父母与子女的关系中也有所体现。反观明贤的家庭，因为丈夫无法满足她对父亲形象的幻想，家庭也无法满足她内心的空虚，于是，她把目标转向宗教和圣职者，在奉献教会的同时获得自我满足。

如果女性在一段关系中，由于矛盾产生了自我怀疑心理，很容易因为自我怀疑而自责。当内心产生自责或负罪感时，有可能是女性潜意识里的主人对她的训斥，女性把自己当成侍者，就一定会有一个掌权的主人支配她的无意识。

一旦开始怀疑并放弃了内心所坚信的对象，无意识的幻想也会随之消失。因此，明贤更愿意为了守护主人的地位，反过来从自己身上找问题。为了更接近心中的真理，获得精神层面的自由与完整，明贤把自己的灵魂全权托付给了牧师，而她也陷得越来越深，压抑与束缚感就越强烈。

但如果对权力者与权威从不怀疑、绝对忠诚臣服，那就永远做不了自己。在此过程中，伪装成权威的人会在无形中以冠冕堂皇的理由引发我们的负罪感和羞耻心，要求我们绝对服从。同时，会把那些不忠于自己的人当成是威胁者，试图通过秩序与规则控制他们。

即使有了丈夫和孩子，明贤心中理想父亲的位置依然空缺。她仍希望有人能够站在父亲的位置上弥补她心里的缺失。这个位置被牧师占据了。这种情况的出现是因为明贤无意识里投射出了理想的家庭形态（父亲和女儿），她一直被埋没在幼儿期的幻想中。

理想父亲的缺乏

对明贤来说，父亲就应该是那样的形象。虽然她与牧师的关系为她提供了强烈的归属感，让她产生了受到某种庇护的幻想。但是，实际上明贤仿佛是一只乖巧温顺的羊羔，被牧师塑造成了完全无法独立的个体。因为明贤不想放弃自己的幻想，所以她只能在牧师的控制范围内幻想着幸福和安全感。慢慢地，所谓的安全感逐渐变成坚实牢固的锁链，将她牢牢套紧，无法翻身，这时她所坚持的幻想便开始出现裂痕。她无法想象有一天会被牧师抛弃，此时的她仿佛置身于荒无人烟的旷野一般，内心充满恐惧与无助。

熬过了一段漫长的黑暗时光，明贤终于鼓起勇气重新做回自己。她决心不让自己再次踏入被控制的漩涡中，所以她离开了洋溢着"父爱"的教会，接着来找我做心理疏导。她不再从他人身上寻求归属感与安全感，而是开始独立思考，去寻找丢失的灵魂。

在与众多女性来访者一起探讨她们的愿望时，我发现她们都有着相似的梦想，即对那些集人品、智慧、气度于一身的男性十分痴迷。这些男性能够深入她们的内心，给予她们充分的理解与倾听，能为她们以后的人生指点迷津。换句话说，他们拥有理想父亲形象的一切特征和优势。

因为我们从未见过完美的父亲，也从未拥有过完美的父亲。对理想父亲形象的期待和欲望越强烈，随之而来的失望与伤痛就越剧烈，为了填补父亲不完美所带来的缺失感，所以有些女性才不断地寻觅更优秀的男性。一部分男性正是利用女性的这一幻想，充当女性的"主人"，而女性又会献上爱慕和金钱来追捧这类男性。

然而可悲的是，很多女性都不明白，这些所谓的"理想父亲"

身上究竟有哪些特质吸引了自己，只是盲目地把他们视为真理的执行者，将他们的话奉为圭臬，毫无二心地跟随其后。

　　很多精神分析师在分析的过程中会跳出情感的牵绊，坚持客观理性地看待问题，在对来访者进行详细了解后最终得出结论：她们的行为是在追寻理想的父亲形象。这些分析师是在了解一切缘由后才得出的结论，我相信这样的感受与洞察才是真实的。

摆脱父性的控制

　　对于牧师这一类人，精神分析学家卡伦·霍妮有过这样一段论述："（牧师）这类人是在以一种非常狡猾的无意识使他人心甘情愿地为自己服务，并把他人作为自己追求成功、权力和利益的跳板。"也就是说，（牧师）这类人把他人的无意识净化得如同清水一样透明，使他人认为只有跟随牧师的无意识才能走上正确的道路，所以被支配的这些人自然渴望有一个父亲般的灯塔，来为自己指引方向。

　　卡伦·霍妮还有过这样一段论述："他们明确坚持正确的立场，就连这也是源于某种'普遍理想的偏见'，而不是真正的信念和态度。"

　　我们渴求在一个知识渊博的领导者带领下，能够克服自己的脆弱与不堪，变得更加完美。但实际上，这种渴求之心却为那些具有父权的人更好地控制自己提供了可乘之机。

拉康也曾强调过：

"无意识并不是真实存在的黑暗，也并非邪恶或错误的贪念，而是和不同的人在一起时灵活变幻的欲望。"

其实，我们无须畏惧，我们内心产生的任何否定与怀疑都不具备合理性。正如拉康所言："被欺骗的人会感到彷徨。"矛盾和彷徨无益，我们只能对所谓的权威和真理的枷锁奋起反抗。

因此，不要自责——认为自己破坏了父权秩序，因为所谓的普遍认可的、正确的秩序，就像是这个世界为掌权者打造的特定的游戏规则。真正重要的是你在任何团体与家庭中都能够独立地做自己，不凭借他人获得安全感，这种安全感才能够让你做真实的自己。

如何在父权制社会获得自由

> "在努力观察我们的行为和文化后不难发现：我们的行为和文化习惯于舍弃个人想法而去迎合男性的思想与喜好。努力尝试与这种观念保持距离，本身就是一种保护自己的态度。"

恋爱的时候，有些男生忽视自己的父母，只关心女朋友，很多女生因为男朋友的这种偏爱便仓促地敲定终身大事。但结婚以后这些女生又埋怨道，"丈夫不那么爱我了，而是变得非常孝敬他的父母"——这让她们很失落。

细想一下，这些男生是突然变成孝子的吗？我们不妨换个角度，把"丈夫"换成"婆婆的儿子"会更容易理解。实际上，并不是说婆婆的儿子结婚后突然变成了孝子，而是他们想通过婚后妻子的付出来彰显做儿子的价值。实际上，这一点女性也不亚于男性，很多女性结婚后都更想多照顾娘家一些。

很多男性在结婚前没有得到父母足够的肯定，所以，他们希望在结婚后，通过妻子的付出来满足自己渴望被肯定的需求。在韩国传统父权制的影响下，他们的需求也变得合理化。

事实上，丈夫们的内心非常渴望得到父母的认可，因此，在一些事情上，他们逼迫妻子不断做出让步，女性们却无法料到她们为获得男性认可要做出多大的牺牲。我认为女性妥协的底线是"不要弄丢自己"。丢失了自我就如同饮鸩止渴，短时间可能风平浪静，但长此以往就会引发多米诺骨牌效应，最终容易导致夫妻关系破裂。

男权思想对女性的影响

有些母亲对儿子的占有欲非常强，这种占有欲在儿子刚结婚时表现得尤为突出。

打个比方，理论上应是儿子与儿媳妇一起挑选婚礼的礼服，但有的婆婆总想喧宾夺主，对婚礼的礼服亲自把关。因为母亲是儿子的第一个"所有者"，她们与儿子共生在一起，这种共生关系牢不可破，所以当儿媳妇进入母子关系的时候，婆婆内心是拒绝接受的。她们会认真端详眼前的年轻姑娘，哪怕有一丝不满，也绝不轻易交出自己的宝贝儿子。

儿子结婚后，儿媳生下了第一个孩子。有的婆婆会时不时关心儿媳妇有没有用母乳喂养，仿佛女性不是在照顾自己的亲生孩子，而是在照顾男方家庭中传承血脉的"孙子"或"孙女"。

婆婆们的这种做法实际上是一种男权思想的表现。这并不是为了帮助儿媳妇尽快适应整个家庭氛围，也没有真正想要了解自己的儿媳妇。即使她们自己作为儿媳经历了不少苦难，知道被压迫下的儿媳生活的不易，但对待子女问题的态度上，她们仍然希望按照家庭的固有观念，继续维持男权思想传统。

难道父权制的影子只存在于婆媳关系中吗？不是这样的。

我偶尔会听一听播客，里面有一些三十岁左右的女性围绕各种话题展开讨论。我尤其喜欢听一位女性谈男女关系方面的话题，她会毫不避讳地谈关于性的话题，还会进行一系列详细露骨的描述，让人觉得她是一位思想非常开放自由的女性。

可是，女性无所顾忌地在公开场合讨论关于性的话题，并不意味着真正获得了自由和平等。同样，有些女性身穿超短裙凸显火辣的身材，也并不是在展示穿衣自由，只是想要迎合男性的审美罢了。现如今韩国整形行业发展得如火如荼，也正验证了迎合男性审美的思想观念。因为在这些女性心中，想要展示自己的性感，就不仅仅要自我感觉良好，更关键的是满足男性的性趣味。

那些强调"性开放就是露骨与诱惑"的观念，也是以男性为主体产生的畸形思维。

借用精神分析学家白尚贤的话来做个总结："那不是'女性的欲望'，而是'女人的欲望'。女性的欲望是结构性的欲望，而女人的欲望则是典型的他人的欲望。"

告别独权社会

在我看来，那些呼吁在所有事情上，男女必须完全平等的观点，源自一种非黑即白的两极化的思维模式，多少有些不切实际。如果把男女双方置于天平的两端，追求极致的平衡，反而会物极必反，形成父权社会或母权社会。

有时候，大男子主义的男性对女性而言也有益处。比方说，家庭完全由男性负责的同时，钱都由男性来赚，脏活儿也都由男性来做。女人应该作为保护对象来宠爱，像这样集宠爱于一身的女性应该算是幸福女性的典型代表了。所以，幸福与否关键还是在于对彼此的态度。

在努力观察我们的行为和文化后不难发现：我们的行为和文化习惯于舍弃个人想法而去迎合男性的思想与喜好。努力尝试与这种观念保持距离，本身就是一种保护自己的态度。

许多精神分析学家认为，女性在一段关系里，需要通过他人来塑造自己的形象，以此来获得自我认同感。由此可以看出，在韩国根深蒂固的家长制文化中，女性从来不是只为自己而活，她们充当着妻子、母亲、儿媳、女儿这些不同的角色，失去自我也不敢抗争，而是小心翼翼地获得认同感。这种负罪感和恐惧感是由掌权的家长和男性所赋予的。这些规则本就是由家长和掌权者创造而来的，他们在保持家庭稳定的同时，又是实际的受益者。

我们和我们的父母一直被这种观念和拉康所说的"大他者的声音"所支配。拉康提出的"大他者的声音"成为无数规矩和行为的标准，类似于"大家都这么做"。可以说"大他者"隐藏在日常生活的方方面面，能够影响法律法规、规章制度的制定标准。刚来到这个世界的孩子想要向外界传达信息时，都需要经过母亲来传达。这时候，母亲就站在"大他者"的位置上思考和传达，不可避免地就会传达出错误信息。我们所坚信的大部分真理都来自于"大他者"制定的标准，但是往往太依赖"大他者"的标准，就容易忽视每个个体不同的价值观。

如果你认为强调自我、随心所欲地做自己想做的事情，就能成为寻找自我的主体，这是一个非常错误的想法。因为我们认为的主体就是我们自身，但这个世界的规则是由掌权者根据这个世界的文化、环境、知识创造出来的产物。关注自己的内心和生活，同时保持质疑由掌权者支配的世界，才是真正关注自己的最好方式。

离不开儿子的妈妈

"在儿子与母亲的关系中，母亲对儿子的欲望比儿
子对母亲的欲望更强烈，更占主导优势。"

我想从精神分析的角度来谈谈母亲与儿子之间的丧失感问
题。儿子结婚以后，有了妻子，不再与母亲一同生活。此时，儿
子会试图在妻子身上找回最初丧失的母亲形象。对儿子而言，没
有母亲的婚姻并没有给他带来丧失感，而是在种意义上恢复了儿
子内心强烈的冲动。

女性也是如此，有的年轻女性幻想通过丈夫来弥补自己缺失
的东西，于是结婚就成了通往幸福的另一种通道，但是母亲们的
经历告诉我们，通过丈夫获得阶级跃迁的幻想如同泡沫，一触即破。
有些女性觉得与其让母亲失败的经历在自己身上重演，倒不如通

过儿子，保持着拥有菲勒斯（Phallus）^①的幻想，这种幻想能维持数十年的满足，同时她会把丈夫和女儿都抛之脑后，因为担心他们妨碍自己的满足。儿子长大成人后，母亲亲手把给她带来满足感的儿子交到其他女性手中，"失去"爱子的丧失感直接引发了母亲的忌妒。这样一分析，也就很好理解这个逻辑了。

已婚儿子让母亲产生的丧失感

在精神分析中，阴茎（这里的阴茎并非生物学上的阴茎）、菲勒斯（Phallus）虽然能带来快乐，但它们只是欲望的产物。女性认为阴茎是在无意识层面象征着强壮的男性，是快乐的产物，丧失了阴茎就是丧失了男子气概^②。

母亲通过儿子的阴茎，再次找回了失去的男性气概，并因此重拾了对男性的向往和爱慕，并延续了那份爱。但儿子结婚后，作为她阴茎性质的幻想对象，满足她各种幻想的人被其他女性夺

---

① 菲勒斯（Phallus）：源自希腊语，指男性生殖器的图腾，亦是父权的隐喻和象征。它的代表物是一根勃起的阴茎。

② 男子气概：社会心理学中的概念，也被称为男性气质、阳刚之气、男性化或男人味，是性别气质中的一种体现。指的是由生理因素和社会因素共同决定的与男性相关的特质、行为、角色、兴趣和外观。通常意义上，男子气概主要体现出的特质是勇气、独立和自信。

走，母亲的痛苦便由此产生。在很多情况下，母亲不愿意接受那种丧失感所带来的痛苦。

即使时代飞速发展，家庭形态千变万化。但自古以来的婆媳矛盾却仍然存在，只不过表现形式更加迂回婉转。这其中，家庭、道德、孝道的价值是让我们无法更改的象征性指标，也是公认的引发负罪感的缘由。

我想强调的不是无视这一切，只追求自我的快乐和满足。而是应该尊重儿媳的身份，并关注这一系列行为背后隐藏的快乐能量的缘由，同时也要谨防被这种能量压倒，丢失自我。

熙媛结婚十几年了，这些年来一直任劳任怨地孝敬公婆，尽到了做儿媳的孝道。前些年公婆家生意做得风生水起，逐渐有了些积蓄，公婆的四个子女也都在老人的帮助下在社会上站稳了脚跟。

熙媛是家里的大儿媳妇，她很早就放弃了工作，专心做家里的贤内助，但直到她的大儿子考上了大学后，她才开始意识到好像哪里有些不对劲儿。

熙媛的丈夫已经五十多岁了，遇到事情还是无条件地听从婆家的话，同时要求熙媛也照做。熙媛突然大梦初醒，终于明白了自己为什么总是心力交瘁，原来是她从来没有在丈夫那里得到过任何理解和安慰。

至于为什么过了二十多年熙媛才会有这样的想法，我想也许是这些年她一直在以某种理由压抑着自己，才能够支持她熬过这么漫长的岁月。

熙媛的原生家庭非常幸福，作为家里的长女，从小到大父母都非常疼爱她。父母看着熙媛找到了一个好家庭，自然感到安心圆满。而熙媛也相信父母的判断，从来没有对这段婚姻产生半点怀疑，一心一意地经营家庭，总想着只要自己忍一忍、退一步，一切都会变好的。比起自己的生活幸不幸福，她更希望父母不要为自己操心。

然而，背负着他人的期待，把他人的要求作为衡量自己生活好坏的唯一标杆，就意味着早已在无形中失去了自我。一个人战战兢兢地将自己套入所有的模式、所有的桎梏，走到中途就会忽然发现，自己只剩下一副模糊的面孔和一条不能回头的路。

熙媛被困在一方窄小的天地里，失去了往前走的机会，也没有独立思考的能力。

原以为随着时间的流逝人生会变得更加平静幸福，但现实却恰恰相反。时间越久，熙媛的内心越感到荒芜。她已经人到中年，却像被围猎的驯鹿一样迷茫无助，不知道出路在哪里，也不确定这个时候再追求精神独立，生活还能有什么改变。

长不大的儿子

我和熙媛开始一点点分析她的两个家庭的家庭结构，在分析的过程中，我发现让熙媛下定决心结婚的标准并不是她遇见了幸福，而是能让父母满意并得到他们的祝福。

说起熙媛父母择婿的标准，和大部分韩国父母相差无几。即使在新潮思想盛行、各种心理信息泛滥的时代，他们内心深处的根深蒂固的幸福标准也是极其传统保守的。这其中最具代表性的便是"别人都这么做""不能被别人挑出毛病"等有关社会地位和经济实力方面的理由。这种标准甚至一度被誉为金科玉律，不容半分置疑。

令熙媛幡然醒悟的是，当她设想婚姻发生变故时，第一反应竟然是自己的父母会不会失望，他们内心能否接受。她下意识地感到害怕与惶恐。当她发觉父母也不能给她安全感时，她才意识到自己之所以任劳任怨地为婆家付出，是因为内心根深蒂固的害怕与服从。丈夫和婆家的长辈们正是无意识地利用了熙媛的这种缺乏安全感的心理，在无形中不断施压。只要熙媛不想让婚姻破裂，就必须得服从婆家，满足婆家的要求。

从小到大让婆婆引以为豪的丈夫一方面继续维持着自己好儿子的形象，另一方面也担心自己的婚姻产生裂痕。实际上熙媛和丈夫都处在同一种家庭结构里，虽然两人已经建立起自己的小家庭，但仍然摆脱不了原生家庭强有力的控制，双方父母早已架空了夫妻二人的家庭。

通常咨询到这里时，很多妻子会把丈夫拉到咨询室里，让丈夫也远离原生家庭的束缚。但仔细想想，这只不过是借助丈夫的力量来减轻自己的痛苦。男性从原生家庭中解放，会在一定程度上缓解妻子的痛苦，却治标不治本。因为男性作为满足母亲的幻想和快乐的存在，地位不会受到丝毫影响。因此，女性从自身做改变才是最重要的。

违背伦理的欲望

被称为"狗血电视剧"的《结婚作词，离婚作曲》播放时一度饱受诟病。不过这部电视剧却给我留下了深刻的印象。或许电视剧中一些案例会引起部分观众的反感，但它也赤裸裸、直接地表现出了人类隐秘又无意识的冲动和欲望。

剧中，冬美非常细致地表现出了对继子柳新近亲相奸的欲望。其实这种现象不仅存在于电视剧中，生活中有些母亲也会在无意识的冲动中产生对儿子的幻想和执着。当然，这种欲望通常会披着一件代表"母爱"的华丽外衣。

承认这种隐秘的欲望和幻想并不意味着赞同违背伦理的行为，但我们需要更加坦诚地面对无意识的冲动。不要把自己定义为风度翩翩的君子，觉得这种欲望与幻想只能发生在颓废的庸人身上，那只会让我们内心变得更加脆弱。人人都有七情六欲，只不过释放的方式不同而已。

弗洛伊德说过，在儿子与母亲的关系中，母亲对儿子的欲望比儿子对母亲的欲望更强烈，更占主导优势。

面对现在的处境，熙媛与其做出极端的选择或破格的行为，不如先尝试在感情上与婆家分离，先适应由分离带来的孤独和空虚感。因为让她陷于这种不幸的"罪魁祸首"并不是她的婆婆，而是支撑她隐忍这么多年的陈旧观念。

为了不让自己的挫折再次转嫁到儿子身上，也为了避免成为像婆婆一样的婆婆，熙媛进行了一系列深刻的自我反省与情感解读。她一遍遍地拷问自己，是什么让她为了满足父母的欲望，毫无怨言地听从父母的摆布？这种审视使熙媛再次充满能量，帮助熙媛从她所害怕的各种想象中一点点挣脱出来，推翻一直以来自己所相信的标准，打乱一切，重新洗牌。

有一次，熙媛跟我说道："现在我想把丈夫还给婆婆，我不想再费力气改变他了。他从来都不是我的人，我都不知道这些年我是靠什么活过来的。本以为过了五十岁我的生活会一帆风顺，没想到生活对我如此残酷，我为什么没有早一点儿发现……虽然现在我已经失去了精神支柱，但剩下的时间我要按照自己的意愿，为自己活。"

　　熙媛所说的把丈夫还给婆婆，指的是离婚还是与丈夫重新建立另一种相处模式，我们不得而知。但可以肯定的是，她再也不会回到过去压抑的生活中了。人生永远没有太晚的开始，任何时候都可以切换赛道重新生活，我们需要做的就是不断修炼心智，只有这样才能不被外界拉扯，达到满足自我的境界。

婚姻与生育不是女性的庇护所

"严格来讲，'多子多福'不是女性对家庭的幻想，
而是男性对家庭的幻想。"

对于女性而言，孕育生命是件人生大事，但它并不像我们表面上看到的那样，只充满祝福与喜悦。倘若命令、强迫女性无条件地、热情地接纳腹中的孩子，很可能诱发女性的其他精神抑郁和心理歪曲等症状。暂且不论生育和养育孩子的现实问题，从无意识的角度来看，孕育生命并不是那么简单的事情。

虽然不能只从精神分析的角度把女性期待孕育生命看成是"阴茎嫉妒"[①]，但是我在临床上遇到的很多渴望拥有孩子的母亲，

---

① 阴茎嫉妒：弗洛伊德精神分析用语，指女性内心对男性生殖器的渴望。在当代的精神分析案例中已较为少见。

都没有单纯地把孩子看成是夫妻的爱情结晶。也就是说，对想要孕育生命的女性来说，并不是单纯地出于母性这一个原因。

把结婚与生育当作出路的女性们

许多女性认为结婚可以顺理成章地从原生家庭中独立出来，所以如果她们对现状并不满意，也并未从事业中获得满足，就会急于结婚。女性对婚姻抱有过高的期待，必然会导致对男性产生过度的依赖，而婚后，现实与期待的巨大反差就容易导致婚后抑郁。目前，社会上的一些成功女性已经开始尝试不去通过结婚来打破忧郁的现状。

结婚后，女性茫然地期待新鲜事物和惊喜的出现，同时也会压抑自己的感情和欲望去迎合男性。她们的内心是无力与抑郁的，但她们没有直面自己的内心，而是希望通过改变外部条件和环境来改变内心的无力与抑郁。生活在这种婚姻状态下，女性没有获得期待中的幸福，同时与婆家的矛盾也接连不断，长期压抑的情绪就会在瞬间爆发，各种问题迎面而来。

许多女性在婚后跟丈夫的感情趋于平淡，当她们无法从丈夫那里得到想要的东西，或仅凭一己之力很难改变生活环境时，就会开始计划生养孩子。精神分析学家简－大卫·纳索（Juan

–David Nasio）曾提到：女性在怀孕期间情绪普遍比较稳定，不安感与神经衰弱现象也明显减少。在此期间，女性的不安感消失，她们的内心感到舒适与被保护。正如弗洛伊德所说："女性抱着子宫中的孩子（阴茎），享受拥有阴茎的完整状态，从而形成完整体的幻想。"

也就是说，她们把生育当作自己人生的转折点或突破口，当然也会有别的原因，例如婆家催生或者丈夫想要孩子，等等。孩子出生后，这部分女性又把孩子当作了生活的全部动力。她们用心呵护孩子，将孩子抚养长大，这一切看似没有什么问题，但生孩子并不会解决根本问题，女性的不安感很快又会以另一种方式出现。

形式多样的神经症

精神分析将人类精神的内在结构大致分为神经症、性倒错和精神分裂症。性倒错和精神分裂症结构比较特殊，除此之外，其他的症状都属于神经症。

神经症又分为癔症和强迫性神经症。女性容易患上癔症，男性则容易产生强迫性神经症。我们暂且不讨论强迫性神经症，单就癔症来看，其形式就非常复杂多样。

如果说强迫症患者（男性）一般表现为只关注自己，并且想要满足自己欲望，那么癔症患者（女性）就会通过一段关系表现出多种不同的需求。

这就是女性为什么想通过生育和养育，再次获得从男性那里无法得到的满足。虽然也可能是因为她们喜欢孩子、婆家要求等方面的情况，但是，在无意识的层面上探索对怀孕和生育的欲望也会发现，有些女性渴望生育不仅仅是因为家庭和社会关系。

父母在享受多子女带来欲望的满足感之外，孩子们和父母的关系也会越来越疏远。父母想通过孩子代代相传，丝毫觉察不到这是无意识的、刻在基因里的行为。在养育孩子的过程中，无论父母提供给孩子多么细致的照顾，孩子们也总是不断地遇到需要解决的问题。

对于女性而言，会在孕育时暴露出从根本上产生的丧失感和缺乏感，女性也会试图通过孩子来支配男性。孩子是部分女性为了间接拥有男性或菲勒斯而使用的一种迂回战术。

女性对怀孕的期待和对拥有阴茎的欲望，与夫妻感情是否和睦无关。夫妻之间越是感情不和，女性对怀孕的欲望反而更加强烈，因此，她们在怀孕这件事情上表现出可怕的执着与支配欲。如果把男性看成拥有阴茎的自恋者，那么女性就是无法忍受缺乏阴茎的隐秘魔女。

妻子没有任何义务

有位女性非常贤惠，常常把家打理得井井有条。她认为料理家务是自己分内的责任，考虑到丈夫在外挣钱不容易，所以丈夫回到家也不用承担任何家务。在照顾孩子方面，她也是个尽职尽责的妈妈。虽然她偶尔也忍不住向孩子发脾气，但很快就会自责，因为她担心给孩子留下心理阴影。

她把所有的精力都投入到和丈夫、孩子组成的家庭中，却也为此感到焦虑和恐惧，这是为什么呢？其实这是一种"自我外化"现象。作为人类，我们本质上都存在自我外化，都会在某一天以某种方式发出信号。

每当有女性来问我怎样才能成为好妈妈、好女儿或者好妻子时，我无从回答，因为这个问题只能反求诸己。如果不改变对自己的看法和态度，那么无论怎样控制自己的行为，经过怎样艰难的冥想和修炼，都是空洞且没有意义的。女性一味地顺应他人的要求，无异于将自己培养成一个服从"大他者"命令的忠实仆人。

虽然当今时代发展日新月异，但深深扎根在我们思想中的男权主义却很难发生改变。虽然不能全盘否认男权主义，但如果男权主义始终把女性的幸福置之度外，那么，利益终将被以男权为中心的掌权者所独享。

　　严格来讲，"多子多福"不是女性对家庭的幻想，而是男性对家庭的幻想。因此在家庭这个范围内，女性不应该自我外化，为了守护家庭和谐，更应该进行自我的思考与探索。

在男性身上投射出的母亲形象

"人类的原型、人类的根源都来自于母亲，母亲也是人类最初的欲望对象。"

我们通常认为，女性会以自己的父亲作为择偶参照物，要么找跟父亲相似的，要么找与父亲截然相反的人。如果你仔细观察丈夫的特点，以及你和丈夫的关系结构，就会发现在丈夫身上可以找到自己母亲的影子。也就是说男性会从女性身上找寻母亲的影子，而女性也会在男性身上寻找自己的母亲。由此可见，人类的原型、人类的根源都来自于母亲，母亲也是人类最初的欲望对象。

从感情关系融洽的夫妻身上可以看出，很多丈夫都在夫妻关系中扮演着母亲的角色，体贴地关心妻子，对妻子无微不至地照顾。

　　我周围就有这样一位朋友，她跟丈夫的感情很好。某天晚上半夜醒来的她本想叫丈夫"老公"，结果却情不自禁地叫了一声"妈"，把她自己都吓坏了。显然，她的丈夫在她心中并不只是充当男性的角色。通过丈夫，她在另一个维度里与母亲建立了联结。

　　从她平时和丈夫的对话中也能找到以上推测的根据，她肚子饿的时候经常对丈夫说"老公，我饿了"，而在我们传统的观念里，这句话通常是丈夫对妻子说。这位朋友显然在无意识中，把给自己做饭的丈夫当作了母亲。如果丈夫不想再扮演母亲的角色，想要换一种生活方式，那就很有可能影响夫妻感情。

　　就像刚才举的例子，我们无意识中反映出来的东西正好是某种关系的投射。我的这位朋友不经意间的口误恰好反映出了夫妻关系的本质。就像有的妻子会跟丈夫说"我真是养了个'儿子'啊"，有的丈夫也会觉得自己养了个"闺女"，他们都在无意识里扮演着母亲的角色。无论是哪一方充当"母亲"，只要婚姻生活幸福和睦，何尝不是一件圆满有意义的事情。

"爸爸"这个称呼的意义

　　当然，并不是所有的女性都希望丈夫充当母亲的角色，有的女性想要从丈夫这里寻找父亲的影子，甚至通过生孩子召唤出丈夫作为担当的父亲形象。从夫妇对彼此的称呼中可以发现这一点，每对夫妻间的称呼五花八门，但都有着相似的特点。例如，有的妻子会直接称呼"老公"，或者会在孩子的名字后面加上"爸爸"这个词，即"某某爸爸"，有的丈夫年纪比妻子大时，妻子也会称其为"哥哥"。

对一个人的称呼可以在很大程度上反映出我们的意识，我也曾多次在几个女性之间聊天时，听到有的女性直接称呼自己的丈夫为"爸爸"。有的人可能会觉得，通过"夫妻间的称呼"进行精神分析有些荒谬，但称呼的确能反映出一段关系的本质属性。两个人之间之所以这样称呼，一定有这样称呼的理由，并随着称呼的不同，自然而然决定了关系的发展走向。

一般来说，女性在称呼丈夫"爸爸"时，表面上指的是孩子的爸爸，但实际上是通过孩子来弥补自己缺失的父爱。我也常听到有些女性表示只要丈夫尽职尽责地做个好爸爸，那么在"丈夫"这个角色里，就不会再有要求和期待。这句话也暗含着女性渴望通过孩子拥有一个理想爸爸的执念。

那么孩子叫"爸爸"，妻子也叫丈夫"爸爸"，孩子与妻子岂不是位列于同一辈分？虽然称呼能彰显一个人的位置与所属关系，但并不是说与孩子的叫法冲突，女性就必须强行改掉称呼丈夫为"爸爸"这个习惯。女性对丈夫所用的称呼，与她内在的欲望有着千丝万缕的联系，女性要仔细思量是什么原因，让自己无意识中被理想父亲的形象所束缚。

从精神分析的角度来看，父亲并不是单纯地扮演一家之主或顶梁柱的角色，而是家里的"万能钥匙"。换句话说，父亲永远是家里的"万能钥匙"。这就仿佛信徒们将神奉为父亲，不断向神明父亲请愿，信徒们这样做是因为把神明父亲假想为了无所不能的存在。如果换一种象征性的表达，那就是父亲拥有菲勒斯，能够给予我们想要的东西。

所以很多女性依恋父亲，她们会把很多理想和欲望寄托在父亲身上，也因此，即使一位男性在作为丈夫这方面并不称职，但如果他是一个对孩子负责的好爸爸，这也能在很大概率上化解夫妻间的矛盾。

像孩子一样贪婪

我们都见过鸟巢里的小麻雀齐刷刷地伸长脖子，张大嘴巴跟鸟妈妈要食吃的样子。有时候，孩子也像小麻雀一样，目不转睛地盯着妈妈，向妈妈提出各种要求。人类与麻雀的差别就像达里安·利德（Darian Leader）说的那样，人类不像幼鸟一样，向妈妈讨到食物就能轻松地满足愿望，而是不断地向母亲提出要求，观察母亲做出的反应。

在那些重男轻女的家庭中，母亲对待儿子和女儿的态度截然不同，当他们都有事情求于母亲时，有些母亲还没等儿子开口就已经猜到并满足儿子的需求；但对于女儿，往往多次开口请求都会被忽视。由此衍生出的结果是：成年后的男性更习惯主动去满足自己的需求，而女性把自己满足需求的希望寄托到了孩子身上。

因此，女孩的缺乏感越来越强烈，进而对母亲的要求会变得强烈和粗暴，或者不厌其烦地纠缠母亲，试图以消耗母亲能量的方式与母亲建立关系。在没有得到母亲过多关注、自己的要求无法得到满足的缺乏感中长大，只能通过自己提要求才能博得关心的女孩，即使成年后内心也会经常感到不满和缺乏。在与丈夫或朋友的关系中，女孩就很容易误以为只要提出的要求能被满足，人生就会很幸福。

但其实她们的欲望并不是要求得到满足，她们只是想通过"提要求"这个行为，创造一个接触对方、与对方建立联系的机会。因此，无论丈夫对她们多好，依然无法填满她们内心的缺乏感。这种情况下，女性就很难轻松消除她们的缺乏感与不满足。因为她们被束缚在密不透风的欲望密室中，如果她们放弃"提要求"的行为，母亲就会消失，与之相应的，也失去了与爱的人接触的机会。亦如我们都知道，即使给孩子买了他想要的玩具，他也很快就会失去兴趣，转而又想要其他玩具，就连孩子的欲望也不会轻易得到满足。

通过这种"提要求"建立起联系的人，要懂得怎样改变建立关系和相处的方式。这就需要女性知道，自己在以怎样的结构来延续欲望。因为这种欲望的框架早已建构牢固，不会像意识一样可以被轻易放弃。

幻想丈夫有了外遇，她内心深藏的刺激与快乐

　　"所有人都想拥有平安稳定的生活，但如果生活里只有平稳，人反而容易不快乐。"

　　当婚姻出现危机，很多女性会把责任推卸到对方身上，认为自己的配偶是过错方。在我看来，首先应该追本溯源，回忆自己当初结婚的理由，是哪种无意识的冲动和欲望让你愿意跟对方步入婚姻。换句话说，当婚姻出现危机，女性最明智的举措是先与自己的本心对话。

　　你认为婚姻出现问题是你的要求或缺失没有得到满足。如果对方弥补了这些，你就会认为你们之间的问题将迎刃而解。

　　事实并非如此，对于需求长时间得不到满足的女性而言，她会坚信，只要自己的欲望被满足，婚姻生活就会和谐。但实际上

那些欲望被满足的女性也会在生活中遭受其他痛苦和烦恼。

怀疑丈夫有了外遇

美熙有个好丈夫，他对美熙唯命是从，只要美熙想做的事情他都会无条件支持。跟那些缺少安全感以及被冷漠忽视的女性比起来，美熙无疑是幸运的。可即便夫妻相处融洽，孩子乖巧听话，美熙依然不幸福，长期被抑郁症和无力感折磨。她也曾向身边人倾诉，可非但没有得到宽慰，反而被教育"身在福中不知福"。于是她小心翼翼地收起了不被理解的内心，渐渐地不再与人来往。

有一天晚上，丈夫跟同事聚餐，平时不怎么喝酒的丈夫喝得酩酊大醉，一晚上都没有跟美熙联系。按理来讲，看到丈夫行为反常，美熙首先担心的应是丈夫的安全问题，但美熙却疯狂地陷入了怀疑的漩涡。因为在这之前，丈夫喝得再多也从来没有不跟她联系过，所以美熙怀疑丈夫有了外遇。就这样，整整一晚上，美熙都在不停地幻想丈夫出轨的情景。

凌晨，丈夫拖着疲惫不堪的身体回到家，倒头就睡了。第二天，丈夫跟她解释因为自己平时总是找理由不参加公司聚餐，这回同事们故意整蛊他，给他灌酒，这才一不小心喝多了。美熙努力尝试让自己理解丈夫，但还是说服不了自己，丈夫的一番解释更加重了她的疑心。

随着疑心越来越重，美熙忍不住翻看了丈夫的手机，但没有查到任何蛛丝马迹。于是美熙又开始通过其他方式寻找线索。

听了美熙一连串的描述，我感到美熙身上有股强烈的冲动。直觉告诉我，因为美熙这段时间没有社交，所以陷入了一种情绪的无力感中，而这种无力感引发的冲动正在美姬身体内"作祟"。关于丈夫外遇的推理，在外人看起来有些小题大做，但在美熙看来却天衣无缝。她的疑心似乎是在被某种冲动所驱使，在这种情况下，告诉美熙她的疑心很荒唐，或者用普通治疗的中常用的方法来缓和她的侵入性思维（intrusive thoughts），这些似乎都不会有什么帮助。于是我非常直截了当地问了她一个问题：

"您是不是很希望丈夫有外遇？"

这句话乍一听也许很荒唐，但听到这句话的瞬间，美熙明显有些惊慌失色，她的脸上迅速闪过了一丝微妙的笑容。美熙并不相信丈夫真的有外遇。那为什么会产生这种不合乎常理的冲动呢？

这就是所谓的"快乐缺失"，所有人都想拥有平安稳定的生活，但如果生活里只有平稳，人反而容易不快乐。因为只有经历了苦难之后，才能后知后觉地意识到这种生活有多甜蜜。

美熙与丈夫的生活过于平淡美好，毫无波澜，缺少挑战性，美熙在无意识里把寻找快乐的目标指向了丈夫。当对丈夫外遇的想象反复冲击着她的大脑时，她感受到了久违的刺激与不安。如果只从情绪的角度来看，应该会有人质疑"谁家的妻子想到丈夫外遇会开心呢"，暂时撇开理性和情感不谈，只从精神能量的波动程度来看，过度的刺激感与不安感征服了美熙。这个就是我们常说的：痛并快乐着。

在这之前，美熙无论如何回忆过去，或者得到情绪上的支持，她的忧郁感都没有得到丝毫改善。于是美熙开始为自己的欲望寻找倾泻的突破口，了解冲动会对自己带来怎样的破坏，渐渐地美熙也终于恢复了活力。这个故事虽然听起来很讽刺，但也确实是普遍存在的现象。摆脱无力感的方式本身就是一种破坏性的方式，破坏是必然的结果。更重要的一点，美熙的案例很有代表意义，就是她的快乐完全依赖于他人。她通过外界的事件和想法来表达自己喜怒哀乐的情绪，与恋人相爱也是因为把自己托付给某种冲动而产生的，她很难靠自己赋予自己生活上的满足和快乐。

还有一个有趣的细节就是丈夫醉酒的那个时间节点。也许他在无意识里想把妻子从无助中解救出来。那么，他真的爱他的妻子吗？

为自己斩断痛苦的锁链

实际上，当发现丈夫有外遇的迹象时，女性内心是十分煎熬的。她们中有些人甚至会抓着丈夫歇斯底里地反复求证。虽然她们无意识中早已清楚事情的真相，但在意识层面她们又会自欺欺人。此时，已经出轨的丈夫为了迎合妻子，故意编造出各种谎言，但却未能使妻子信服。

从这里也显示出了男女的差异。很多男性在怀疑妻子有外遇时，会担心妻子真的外遇而不愿去确认。这两种情况其实都说明，在无意识里他们知道了对方已经有外遇，但在意识层面显示出了男女的防御机制与应对方式的区别。

事实上，外遇代表着不道德，这是人类创造出的道德标准和规则秩序。"被出轨"的人也会因为这个道德标准蒙上羞耻之心，无端地被伤害。如今，时代在改变，不同文化圈看待外遇的态度也有所不同。当然，这并不是为出轨者辩解。我想强调的是，在婚姻和家庭关系里，每个人都需要具备各自独有的标准和见解，倘若用同一套道德标准圈住每个家庭，反而会引起更强烈的反感和抵触情绪。

诚然一生只爱一人的美好愿景令人感动，但从精神分析的角度看，这是反人性的行为。伴侣忠诚于彼此的做法本来就是两个人你情我愿的事情。但是反复强调"因为你们是夫妻""因为你已经结婚了""因为你们是一家人",用身份去绑架人性,反而是封闭保守的表现。在处理家庭事务中带入这种态度,只会将个人推向更为悲哀痛苦的深渊。

人们总梦想着稳定,但稳定带来的两难境地可能会导致快乐消失。生活中如果没有了快乐就是场巨大的灾难。快乐指的不仅是吃喝玩乐的愉悦状态,还是一个人身体里能感知到兴奋、刺激和反应等能动性元素。

弗洛伊德认为人类的生存原则就是逃避痛苦,追求稳定与安逸。需要注意的是,我们在维持稳定生活的同时,还要关注在无意识里享受的快乐。换句话说,我们要明白自己正以哪种方式享受着快乐,也就是以哪种方式享受着痛苦。虽然这话听起来有些荒唐,但快乐一定会伴随着痛苦。

不和谐的婚姻就像两个孩子的相遇

"当我们像个孩子一样向对方提出幼稚的要求时，
却希望对方像大人一样成熟，此时双方的矛盾和痛苦就
会增加，因为实际上两个人都是孩子。"

我经常听到有的男性为自己打抱不平："我为了养家糊口，
在外面辛辛苦苦打拼，她怎么就不能理解我呢？"这句话听起来
似乎有道理，但不全对。

我偶尔会反问来咨询室的男士："如果您没有家庭，您就不
奋斗了吗？"

我向这位男士提出上述问题并不是让他只考虑妻子和家庭，而
是提醒他不应该把家庭当作推卸责任的挡箭牌，而应该多去审视自
己。女性在照顾孩子的同时不放弃自己的生活，男性敢于扛起生活

的重担，承担起家庭的责任，这样的家庭就可以非常幸福美满。

从某种角度来看，婚姻为夫妻提供了与自己深入对话的机会，承担好各自的责任，男女就会在这个过程中逐渐变得成熟稳重。

比起婚姻，很多男性更注重自己的社会地位，所以更容易把自己和工作等同起来。如果在妻子、孩子和自己三者中做选择，很多男性总能找到不能放弃自己的理由。他们给自己找出理所当然的借口，心安理得地把工作和自己排在他们生活的首位。

男性的这种做法显然会引起妻子的不满，妻子要求丈夫把家庭放在首位，多抽出时间陪伴家人。此时男性又一次拿出冠冕堂皇的理由，企图说服妻子理解自己。遭受冷落与忽视的妻子就会把关注点转到孩子身上，渴望从孩子身上得到应有的补偿，以此抵消丈夫所造成的创伤。然而这一切只会让女性渐渐丢失自己，没落为虚无的边缘人。

两个孩子组成的家庭

我时常会设想，妻子与丈夫如果把对方当作孩子来相处该多么美好。两个孩子相互扶持，彼此依靠，也能够感受到对方的可爱之处。这样的夫妻看起来关系就会非常融洽。而且将对方看作孩子的瞬间，也可以让两人共同变得成熟。

当我们像个孩子一样向对方提出幼稚的要求时，却希望对方像大人一样成熟，此时双方的矛盾和痛苦就会增加，因为实际上两个人都是孩子。一位女性从小就被父母照顾保护得很好，那她身上就会有期待被父母宠爱的幻想，并把未实现的愿望强加到丈夫身上。而实际上同为孩子的丈夫，并不能完全满足她的要求，这就会使女性受挫，两人的关系便由此变僵，反之亦然。如果互相比较自己所具有的社会价值，并以此为由向对方提出要求、让对方负责，那就很难得到满意的回馈。所以我们都应该把关注点放在自己身上，承担起应有的责任。

尚熙结婚后，在家里只跟儿子沟通。虽然丈夫平时也会帮忙做家务，但两人除了必要性的谈话，几乎没有任何感情交流。生活的钟摆就这样规律地摇来晃去。尚熙不知道这样过下去的意义在哪里，也不确定自己是不是该继续隐忍，于是来到了咨询室。

尚熙的丈夫跟她之前交往的男友不一样，他寡言少语，显得成熟稳重。尚熙喜欢丈夫像个大人的样子，觉得这样的人值得托付终身。结婚以后，虽然丈夫还是一如既往地没有对尚熙提过分的要求，也没有跟尚熙起什么争执，但却少了一份亲密感，这让尚熙觉得生活很无趣。尚熙稍微说一点儿情话，丈夫就会露出很反感的神情，接着就去睡觉了。就这样，尚熙的热情被丈夫的冷漠一点点浇灭，对丈夫的怨怼也越积越深。

　　丈夫也从来不会拒绝婆婆，虽然婆婆平时在家也没有太过分的行为，但偶尔婆婆提出的请求让尚熙左右为难时，丈夫只会不知所措地傻站在一旁。看到丈夫不作为的样子，尚熙更加郁闷了。在谈话过程中，我了解到尚熙的丈夫很怜惜自己的母亲，母亲只要有一点点伤心就会让他愧疚不已。不过，虽然丈夫很疼爱自己的母亲，但也不会要求尚熙像自己一样心疼父母，只是一旦到了需要他解围的时候，他就像鸵鸟一样把头埋进土里，总想着逃避。

　　有一天，尚熙实在受够了这种生活，她质问丈夫这样的生活有什么意义，并一气之下提出了离婚，而一向不怎么发火的丈夫听了之后也大发雷霆，破门而出。丈夫的举动让尚熙有些震惊，她随即冷静了下来，她没有勇气继续跟丈夫僵持下去，也害怕丈夫真的跟自己离婚，于是她主动求和，两人又恢复了死寂沉沉的生活。

　　那么，尚熙为什么没有继续僵持下去呢？丈夫自然是其中一个原因，还有一个原因来自于尚熙的原生家庭。尚熙的母亲非常强势，尚熙从小生活在母亲的严厉管教下，老实听话，不敢犯错，小心翼翼地做着母亲喜欢的乖乖女，而丈夫的情况也是如此。丈夫是婆婆唯一的骄傲，虽然他考上了名牌大学，就职于名企，但在父母面前却没有任何发言权。在这一点上，尚熙与丈夫可谓是"同病相怜"。

　　虽然尚熙跟母亲的关系不是很亲密，但婚后尚熙跟丈夫的生活一有不顺，她就给妈妈打电话；而另一边，丈夫也背着尚熙偷偷给婆婆打电话，平时联系得也很频繁。可以看出，两个人虽然已经从原生家庭里脱离出来，组建了自己的小家庭，但实际上两人的内心还停留在各自的原生家庭里。

与其说他俩是夫妻关系，倒不如说是共同养育孩子的合伙人。尚熙意识到不能再继续这样行尸走肉般生活，当她开始反思自己、想办法自救时，现实的压迫感和无力感将她紧紧套牢。她始终无法下决心拒绝接受妈妈提供的帮助，没有勇气靠自己的力量去尝试新的生活。他们就像两个自顾不暇的孩子，照顾着比他们更小的孩子。

害怕一个人的生活

很多男性跟妻子感情出现裂痕时只会装聋作哑地逃避问题，沉浸在工作中，或在娱乐中麻痹自己。他们跟朋友厮混在一起，玩起游戏来常常像孩子一样忘乎所以。相较于经营夫妻感情、维护夫妻关系，男人更愿意自己去寻欢作乐，甚至连自己的快乐都不愿和家人分享。

还有部分男性对妻子百依百顺，但他们这样做只是希望妻子不要挑事儿，也有的男性把妻子的体贴照顾当作理所当然，这样的妻子在婚姻生活中会感到特别吃力与受挫。那些认真经营婚姻生活的女性，遇到了对婚姻敷衍了事的男性，就会逐渐地对婚姻失望，常常感到生活失去了意义。

不是所有的女性都专注于自己的感情，很多女性并不需要爱人，她们只是希望当自己遇到无力完成的事情时，丈夫能够发挥他的职能，替她排忧解难。她们认为只要两个人的条件相当，没有丝毫感情也无妨，唯一要做的是能把夫妻双方的职责履行完成。在她们看来，生活中需要的是一个随时待命的工具人。

对于一些经济实力好过丈夫的女性而言，她们并不关心双方的经济实力和资源的差距。她们更害怕离婚独自生活，在她们眼里，夫唱妇随，扮演好某人妻子这一角色，在外人眼中维持好恩爱默契的夫妻形象更为重要。因为现实生活中很多女性把丈夫当作遮风蔽日的参天大树，而男性把妻子视为维系家庭稳定的定海神针。

无论你现在是未婚、已婚，还是离异带娃，都需要不断向和自己有重要关系的人提出最本质的问题，这对自己和他人都是最负责任的态度，接受在提出问题和回答问题的过程中产生的不安感。只要不停地思考，就能不断对自己和生活产生新的认识。日积月累，从量变转化成质变，就能重新点亮自己的多彩人生。

心理上的巨婴

在正式学习精神分析的过程中，"心理脐带"一词给我留下了深刻的印象。它的意思是，有些人从外表来看已经长大成人，事业家庭双丰收，这些人虽然表面过着正常的家庭生活，但从内心来看，很多都像还没长大的孩子。

每个人出生后，会由医生或家人剪断与母亲相连的物理脐带。有的人肉体上的脐带被剪断了，但心理上的脐带却一直存在。这些人打扮得成熟稳重，试图掩盖心理上没有"断奶"的事实。这种情况的家庭也不在少数，医生和监护人会切断物理上的脐带，但父母绝对不会主动切断与孩子心理上的脐带，甚至还有很多父母将脐带牢牢地攥在手上。这种心理上的脐带只有自己才能剪断。

经常有来访者这样跟我说道："我一直坚信我们的关系和状态没有问题。"

这句话可以被理解为："我依然被禁锢在孩童时期和父母的关系中，动弹不得。"

精神上被父母支配的"孩子"，遇到另一个"孩子"后，把与父母的关系投射到对方身上。这样的两个心理并不成熟的父母开始养育子女，接着再次与子女产生矛盾，周而复始地陷入痛苦的死循环里。

现在的你，剪断心理上的脐带了吗？

从原生家庭中脱离，才能更好地组建新的家庭

"如果手里一边握着'鱼'，一边拿着'熊掌'，

还想牵起对方的手，这样的婚姻自然会出现问题。"

很久之前，我还在修道院修行的时候，弟弟带着他的未婚妻来看望我。虽然之前我们就互相认识，但这次她要作为弟媳妇与我见面，我的心境忽然变得与之前完全不同。

我们仨一起在修道院的前院吃饭。饭桌上，弟弟无意间照顾女友的样子，让我觉得理所当然的同时，又有一种微妙的丧失感涌上心头。我不自觉地感慨："之前弟弟一直是我们家庭的一员，而今后他要属于别人了啊。"想到这里，顿时觉得有些失落，总觉得心里空空的，好像缺了一块。

在我的内心深处，对弟弟的印象仿佛还停留在儿时跟我一起

嬉笑打闹的样子。当时我的脑海里突然意识到："弟弟要结婚了，我这个当姐姐的内心都这么复杂。那些看着儿子结婚的妈妈们内心的丧失感该有多强烈啊。"可是，既然丧失感无法避免，那就要懂得如何接纳它。

舍不得放手的母亲

实际上，舍得放手并教会孩子独立的母亲并不多。她们表面上似乎早已认识到，在养育孩子的过程中必然会产生丧失感，但内心却无法接受，此时就会滋生出各种矛盾。虽然母子间都能感受到对方的丧失感，都在等待对方先把情感焦点转移走，但是感情却不受控制。

在出现矛盾而内心感到失落时，很多人没有反思自己，调节自己的情绪状态，而是试图找到丈夫或妻子的缺点，为自己的丧失感进行情感上的报复，这在婚姻中也是时常发生的事情。

女性与男性，接受丧失感的方式和表达丧失感的方式都是截然不同的。我在前面主要讲述了女儿和妈妈感情上联结的案例，在她们的关系中，妈妈以自己的欲望控制女儿。母亲和儿子之间的感情纽带比这更强烈，但基于儿子的男性心理倾向，很多时候男性的表达并不向外显露。因为在发生矛盾时，很多男性不愿意集中精力解决矛盾，而是有意识地回避，将注意力转移到生活中的其他方面。在儿子结婚后，母亲把精力转移到儿媳妇身上，由母子矛盾转换为婆媳矛盾。

如果说男性善于摆脱矛盾关系，那么女性则享受这种剑拔弩张的关系。这里所说的"享受"不是日常用语意义上的因为喜欢而"享受"，而是精神分析中的专业术语"症状性享受"。"症状性享受"意味着享受的同时伴随着痛苦，并且这种状态不停地循环往复。

无法离开的所属地

基淑与男友结束了六年的恋爱长跑，他们选择了结婚。因为两人相恋时间很长，所以两家人关系非常熟络，似乎早已把对方当作了自己家人，因此结婚也变成了一件自然而然、水到渠成的事情。虽然整个结婚过程也出现了一些小插曲，但考虑到这么长久的感情基础和双方父母的支持，双方就相互做出了一些让步，就还算顺利地开始了两人的新生活。

两人结婚后，问题渐渐暴露了出来。婆婆总跟基淑强调作为妻子应该履行的义务，以传承"家风"为由，对基淑提出了各种要求。婆婆规定基淑一周要给自己打一到两个电话，每周末都要回家看望自己。一开始，基淑也很努力地想成为一家人，对婆婆的要求全盘接受，但无奈的是，婆婆变本加厉地提出了更过分的要求，基淑开始感到身心俱疲。也许在婆家看来这些都是微不足道的小事，是儿媳应尽的义务和孝道，但对于当事人基淑而言实在难以承受。

于是，基淑也像其他妻子一样，跟丈夫抱怨。丈夫虽然也会在中间调和矛盾，但慢慢地丈夫被磨光了耐心，开始变得有些不耐烦。另一边的基淑也为自己感到愤愤不平，不自觉地开始比较起来："我丈夫从来没给我父母主动打过一个电话，我父母体谅他忙，没有任何怨言。那为什么在婆家偏偏要求我一个人尽孝？"

这真的是一种奇怪又值得深思的现象。至今的韩国社会仍然保留着父权制的传统，依然非常熟练地使用义务与孝道，用这种韩国儒教的噱头来满足自己的欲望与要求，而非常讽刺的是，母亲身为女性，对儿子和儿媳的要求却截然不同。

当然，这也不意味着要求夫妻对双方父母一切都做到比量齐观、不失毫厘。婚后最牵扯精力的往往不是夫妻各自的生活琐事，而是夫妻双方如何对待彼此的父母。

婆婆的要求朝令夕改，基淑无论怎么做都没法令婆婆满意，而且婆婆还经常在背后添油加醋地中伤基淑。因为婆婆的事情，基淑与丈夫的争吵越来越频繁，到后来丈夫索性从婆媳大战中退出了，最后夫妻两人僵持不下，闹得感情非常不和。

儿子的担忧

　　基淑偶然一次听见丈夫和婆婆之间的通话内容，婆婆的声音听起来像是在跟恋人打电话，她听见婆婆在电话那头号啕大哭，只因为害怕儿子离开自己。

　　日益加剧的矛盾下，丈夫没有站到任何一边，他选择充耳不闻，去忙自己的事业。除了日常生活中的必要沟通，在家里竟不再跟基淑有过多交流。基淑深感绝望，对这个曾经她十分信任、以为能依靠终生的男人感到绝望，对破灭的、地狱般的婚姻生活感到绝望。她甚至常常自责不是个善良的好儿媳，才让婚姻一败涂地，但又不能像妈妈提的建议那样，对婆婆家的人百依百顺、任劳任怨。于是基淑在情感上越来越依赖自己的母亲。

　　自那以后，基淑回娘家的频率比结婚前还要频繁，每天都跟妈妈通电话。她原本以为结婚后会更加独立，组建起自己幸福的小家，但现在的状态反而比结婚前还要差。谁是真正的始作俑者？是怕儿子飞走又渴望控制基淑的婆婆？还是循规蹈矩劝女儿委曲求全的亲妈？

　　很多女性都容易忽视这一点，那就是男性在处理婆媳关系或者感情问题上，看似是无心消极的，实则是因为他们内心也会感到害怕，男性更害怕与自己的母亲分离。虽然不能一概而论，但我认为大部分男性的恋母情结与女儿对母亲的心理依恋有所差异。男性往往没有意识到自己比女性更害怕拒绝母亲，更害怕让母亲难过。他们不愿意看到母亲委屈，所以总想避免摩擦。

另外，忙事业和工作也成为儿子逃避婆媳矛盾的强有力借口。当然也有很多男人能做到婚后和妈妈保持适当距离，把精力和时间都集中在自己组建的小家庭上。不过，和婆家的分离并不是简单的情绪上的分离，还有经济上的纠纷，所以很多时候解决婆媳问题并不像想象中的那么简单。

父母与孩子错综复杂的关系

我们组建新家庭后，在原生家庭中的人必然会产生丧失感。因为接受丧失感就意味着受到伤害，所以我们并不想接受这种丧失感。而有些父母也不想承受因家庭变化带来的遗憾和丧失感，于是把矛头指向子女。他们认为是子女变了才形成了这种伤害，于是希望子女重新回到婚前的状态。

身份发生改变自然而然会带来很多新变化。结婚后，每个家庭成员的身份都发生了改变，父母抱怨子女跟自己没有以前亲密，甚至妄想能比以前更亲密，这都是父母不愿意接受自己丧失感的心境，这种心境忽视了双方处境和环境的变化。

其实，子女也害怕面对丧失感带来的伤痛。他们被为人子女的道德感束缚着，处理与父母错综复杂的关系就越发困难。恋人彼此说出"执子之手，与子偕老"的誓言时，首先要放开父母的手，再去握住彼此的手。也就是说，首先要从原生家庭中脱离出来，这样才能更好地组建自己新的家庭。

如果手里一边握着"鱼"，一边拿着"熊掌"，还想牵起对方的手，这样的婚姻自然会出现问题。所以，当自己的小家庭出现矛盾时，他们自然会因害怕而选择逃避。虽然他们也想智慧地解决问题，与原生家庭保持适度距离，但也只不过是一种理想中的解决方式，一种不想经历痛苦的假象而已。

如果基淑想要继续维系这段婚姻，那就必须深入了解自己与丈夫的关系，了解彼此的成长经历。比起双方都不言不语，空等着对方主动了解自己的内心，不如更积极地与丈夫进行一次心灵对话。

我建议他们及时积极地向对方反馈自己的状态，也提到了基淑正在接受个人精神分析，顺便也建议丈夫一起接受夫妻心理咨询。当然，在基淑的个人分析过程中，也能间接客观地理解和认识丈夫的状态。其实，父母对我们所有人来说，既是爱的对象，也是最需要跨越的壁垒。

放下象征着父母的"鱼"和"熊掌"

我们受过的教育告诉我们，遇到了心爱的人，自然而然地就会结婚生子。结婚前的互相了解固然重要，但在做结婚这一决定之前，更应该认真思考自己为什么要结婚，结婚后的规划是什么，以及结婚意味着什么，这些问题相对来说更为重要。

平凡普通的生活与社会文化状况紧密联系在一起，我们所有的想法和对理想生活的想象也是学习的结果，但问题是，生活中的很多问题不能按照所学的那样只充满幸福和喜悦。在这个问题上，重要的是要对看似理所当然的幸福提出质疑："现在我真的快乐吗？我是不是在为自己而活？"哪怕你会为此产生对生活的不满和对感情的不安，抑或是自我怀疑，心情低落，但不要因此逃避，因为这是每位女性都要回答的对自我的追问。

第四章

做思想独立的女人

——女性的独立

从"某人的妻子"变成"我自己"

> "世界上根本没有正确的选择，我们只不过是要努力奋斗，让自己的选择变得正确。"

一个人信念坚定、内心强大，意味着父母和身边重要的人给他带来了正向的影响。如果一个人信念不坚定，思想常常受到主观因素影响，那么他就很容易被别人的意见左右。

彩洪从大学起就非常努力，结婚后一家人也其乐融融。她有着别人羡慕的工作，丈夫收入也很可观，生活过得有声有色。彩洪给孩子提供了良好的教育和生活环境：教育孩子要谦虚做人，培养孩子的分享意识，并身体力行地告诉孩子要懂得尊重弱者。

可是，即便拥有令人艳羡的生活，彩洪还是时常感到强烈的空虚与孤独，这种空虚与孤独导致的忧郁感慢慢席卷到了全身。

某天，原本一件稀松平常的小事却让彩洪变得情绪非常激动，她突然意识到自己状态不对，瞬间慌了神，赶忙向我寻求帮助。然而，彩洪的情况与之前的来访者情况并不相同。

认识自己

彩洪对自己的人生要求得太过于完美。她希望孩子长大成才，出类拔萃；要求自己做人正直勤奋，与人为善。所有的一切似乎都在按照她设定的方向稳步前进，那究竟是哪一环节出了问题呢？

先从结论说起：彩洪制定的所有基准和取得的成就都是为了迎合他人的评价，而非出于自己的真实想法。正如拉康所言："人的欲望总是他者欲望的欲望。"所以无论如何努力，取得多么伟大的成就，生活中总有填不满的缺口。因为人们心中的欲望总是在告诉自己：只要消除内心的缺乏就会变得幸福，社会也在驱使着人们掩盖住这个缺口。欲望总使人误以为消除缺口就会变得幸福，但无论如何粉饰或掩盖，缺口总会在某个时刻通过意想不到的方式显露出来。

彩洪来找我咨询实际上也是出于自己的欲望，她想尽快调整好自己易怒的情绪，从而继续追逐自己的理想生活，使自己更加完美。

彩洪过着看似非常理想的生活却仍不满足。她年过四十却依然保养得很好，穿着优雅得体，花重金去做医美整容，闲暇时也会做瑜伽保持身材——她从不吝啬对自己的投资。她享受着许多人梦想的一切，内心却依然空虚。原因在于，她拥有的一切都"以别人为基准"，她的不快乐来自于"与别人比较"。

"普遍性"可以与"世俗性"等值。虽然"世俗"常常作为一个贬义词出现，但这是任何人都可以接受的普遍标准。所以，不是说摒弃一切世俗的观念，像修道士一样隐居山林，内心的空虚感与无力感就会消失不见。如果没有把他人制定的标准与自己割裂开来，创造属于自己的准则，那么无论一个人取得多少成就，只要欲望之风一旦吹起，内心的缺口必定显露无遗。

我们生来就是孤独的，但孤独不意味着孤立，孤独代表着自己无论与谁在一起，不管身处怎样的环境，都能划清自己与他人的界限，不被他人扰乱自己的节奏，不被任何人同化。

学会接受才能迎来真正的转变

我们总是想要更好的生活，很多人单纯地以为，通过心理咨询就能使自己蜕变成更好的人。可是，从一个畏首畏尾的人摇身一变，成为自信满满的人，这就是所谓的转变吗？在我看来，这很难被定义为真正的转变。

真正的转变不是简单地由内向变成外向，而是超越内向性格消极的一面，去爱它并接受它。不是用精神意志强行麻痹自己去接纳性格中的缺点，而是敞开胸怀，拥抱它本来的模样。

"本来的模样"似乎已经流传为一句脍炙人口的话语，但它背后隐藏的深层内涵却鲜为人知。真正的转变不是剔除现有的元素，创造新的形态，而是换一种角度，以另一种全新的认知去看待固有的事物。

所以这种转变更像是一种结构性的改变，它更加深邃且触及根本，也因此，我们需要花费更多精力、脑力与自己对话。现实生活中，很多人认为自己掌握了改变的方法，但这些所谓的"神仙秘术"只能使自己产生表面上戏剧性的变化，不过是掩耳盗铃的把戏，其结果往往治标不治本。

精神分析其实并不是一种治疗，因为它不属于解除病痛的医学门类。它更属于从无意识的层面探索世界的一种人文科学。它不是用因果逻辑来分析症状产生的原因，寻求消除症状的方法，而是对更本质的存在进行发问，是通过表现出来的症状去揭示存在的真理，是为了不受任何规定的限制、不断与自己进行的对话。我更愿意把它们看作是治疗和疗愈的区别。

很多专家都劝告我们要爱自己，可每天对着镜子，自我催眠式地重复"我很漂亮，我很棒，没关系，我可以"，这样做就是爱自己了吗？不是的。有的人甚至会买漂亮的包包或好看的衣服来取悦自己，当然这些做法本身无可厚非，只是如果我们从更深层的位置剖析，会发现那只不过是我们在服从资本支配的命令，取得习得性满足而已。

真正能够让自己变幸福的从来不是蒙蔽双眼的攀比和麻痹神经的物欲，而是潜移默化、润物无声的改变。所以不要随波逐流，勇敢地做真正的自己，这个过程会有痛苦，但最终可以收获幸福。

相信自己的选择

很多来访者经常问我这样一个问题："医生，那我现在应该怎么做？"

经过一番咨询，来访者们意识到了自己迄今为止建立的关系都是基于幻想，明白了自己非常信任的父母实际上正以爱的名义来满足自己的欲望，懂得了这些后，来访者第一反应就是想要从之前的体系中分离出来，实现自己的自由。

但是与家人断绝联系、与爱人分离，就是摆脱过去的自己、重获新生的方式吗？当然，我们不可否认这种方法在某些情况下可行，但实际上即使放下因缘的纽带，也不意味着可以完全从无意识的结构中解放出来。真正的改变是从接受过去的自己，接受幻想与现实的差距开始的。

所以，究竟"该怎么做"，这个问题没有标准答案。每个人的答案都是在自己拨开云雾见月明的过程中创造出来的。人们总是想知道怎样才能做出更好、更正确的选择。于是常常探访各种专家，求助各路神明，但世界上根本没有正确的选择，我们只不过是要努力奋斗，让自己的选择变得正确。

成为自主的女性：
不惧怕他人眼光，也不被他人定义

> "拥有自主性的人从不惧怕他人的眼光，也从不轻
> 易被他人定义。"

我们生活在巨大的信息化浪潮中，束缚在各种条条框框下。社会规则像是一只无形的手左右着我们生活的许多方面：夫妻双方所有事情都应开诚布公地交流；一家人其乐融融才是真正的圆满；作为母亲或妻子怎么做才算真正获得了主体性；怎样的外貌才算好看；拥有多少个人空间才能过得舒适；一个人需要不断进步才算是不枉此生……为了完成这些被定义好的使命，我们背起沉重的行囊，艰难而缓慢地行走。

但是，这些标准并不具有普遍性。如今的社会，自主性的生

活受到了广泛的追捧。以前，离婚对于女性来说是件羞耻的事，但现在的女性拥有了更多自主权，可以勇敢而潇洒地对糟糕的生活说"不"。单从对离婚态度的前后差异就可以看出社会构造和环境的变化。曾经我们认为的普遍化、常识性的价值观如今变得不再绝对，也不再代表一切。因而，我们对所有非黑即白的严格标准都应保持怀疑的态度。

如何定义自主性？

自主性不仅来自个人主观的态度，也与社会有着密不可分的联系。自主性是一种与社会定义的固定标准时刻保持距离的态度。

职场人士往往把职称、地位等外在名誉和对自己的认同感等同起来，误以为这样的自己才是完整的主体。可是，当地位和专业性不再发挥价值的时候，他还会是一个自主性的人吗？如果他过度依赖于地位和专业性，那么，有一天与地位一同消失的，必将还有他自己。事实上，职称、地位这些外在条件与自主性相去甚远。真正的自主性应该是无论自己处于何种状态，做什么事，都不把它与自己的价值等同起来。即使没有身份头衔的加持，即使自己不再光彩耀眼，依然能保持自信，这才是真正的自主。

英恩从结婚起就一刻不停地努力工作，正当她处于事业上升期的时候，英恩的丈夫突然跟她说想辞掉工作。丈夫平日里总习惯于把重大事情的决定权转嫁到英恩身上，英恩对此本就有些埋怨。当听到丈夫想要辞职的消息时，她感觉一座大山挡在了她的眼前，心里彻底变得不平静起来。

英恩一直认为，男人五十岁左右可能是改变人生的最后的转折点了，不能以一家之主的责任来绑架丈夫，就算不顾夫妻间的感情，也得念及这么多年一起生活的情义。可现在她们的小家正在走"上坡路"，供丈夫"折腾"的资本不多，英恩难免有些担心。

但后来英恩转念一想，自己也没有像别人那样拥有很多东西，却总是怀有追求稳定生活的执念。那种意识驱使着她只想追求安稳的生活。可仔细想想，精神的富有与贫瘠，跟自己实际拥有多少财富并没有关联，想清楚这些后她的内心变得轻松许多。

英恩同意了丈夫离职的想法。她支持丈夫做自己想做的事情，并宽慰丈夫如果真的遇到了困难，哪怕去便利店做个兼职缓和一下也没有什么。英恩说这些话并不是一时冲动，而是经过深思熟虑后的决定。她说哪怕在生活中遇到了棘手的难题，到时候再想办法也不迟。跟丈夫说完想法后，英恩自己舒了一口长气。仿佛这些话不是说给丈夫听的，而是讲给她自己听的。英恩又对丈夫说道："我们不要跟别人一样，不需要死板地遵守社会标准。只要每时每刻都竭尽全力去做，总能成功的。不管怎样，总会有谋生的办法。"

面对未来的不确定性，有的人喜欢未雨绸缪，制订详细周密的计划，甚至连退休后的生活都安排得十分妥帖。可计划总赶不上变化，无论规划得多么完美，总有不尽如人意的时候，钱再怎么赚也不知足。"还可以再好一些，再挣一些"，人们总是被这种想法支配着。

所以，能够坦然面对充满未知的将来才是一种健康的生活态度。无论未来幸福与否，都能修炼出强大的内心去应对一切。那些只希望自己幸福而不愿意接受不幸的人，是仍沉浸在幼儿期自恋型幻想中的人。对生活越持有"水来土掩，兵来将挡"的开放态度，反而越能得到生活的正向回报。以自由的心境应对生活的潮起潮落，或许才能得到真正的快乐。

真正的自主性

在我们的意识中，存在一些微妙但严格的阶级或阶层。具有这种阶级意识的人，处处走得小心翼翼。哪怕遭遇了一点点失败，就仿佛误入了歧途。而另一部分拥有自主性的人，也就是与社会定义的固定标准时刻保持距离的人，则不会被这种阶级束缚，他们可以自由地选择自己的位置，不受阶级框架的局限。

　　有些人喜欢将自己封闭在社会规定的角色中，在角色与名誉中寻找归属感，但这并不是真正的自主性。还有些人固执地以自我为中心，认为自己的看法都正确，这也不是所谓的自主性。如果凡事都自己决定，并赋予这个决定正当性与绝对性时，那就相当于把自己变成了宗教信徒。通俗来讲，自主性就像天鹅在水中不停地划水一样，是对围绕自己的现实意义和必要性持续产生疑问的过程，是不被固定观念所束缚的态度。

　　那些拥有自主性的人，总是不断地反观自己每时每刻的状态。"我为什么在这里""为什么是这样的状态"，他们懂得观察内心，洞察事物的本质。拥有自主性的人从不惧怕他人的眼光，也从不轻易被他人定义。

你只属于自己

> "女性应该学着从'自己需要的他人'和'他人需
> 要的自己'的思维中脱离出来。"

对于女性而言，"孤独"一词具有哪些含义呢？达里安·利德在其著作《一封未寄给女人的信》中指出，"女性的孤独是'没有父亲的陪伴'；俄狄浦斯也提出了相似的观点，他说"女性的孤独是因为缺少了父亲的存在"。

这里所说的父亲的存在，是指父亲在女儿小时候的心中占据的位置。大部分的女性和男人在一起时，会想象成是与父亲在一起。从精神分析的角度来看，这也是女人与父亲、女人与男人的关系。换句话说，女孩在成长过程中放弃了对父亲的固执依恋，又试图在丈夫身上寻找父亲的影子，与象征父亲的丈夫产生情感联结。

也就是说，坚持单身的女性，会选择一个幻想中的男人当作伴侣，而不是现实中的男人。这个幻想中的男人通常是自己的"父亲"。她们并没有因为缺失父亲的陪伴而憎恨父亲，反而幻想一个父亲形象作为性对象。就像很多男性梦想有一位温柔和蔼的母亲一样，女性也幻想有一位理想的父亲。有的女性想要找个像自己父亲一样的丈夫，而有的女性则想找一个完全不同于父亲的人。但是不管怎样，她们在选择男性的标准里都有父亲的存在。

女儿的欲望

达里安·利德曾举过一个十分有趣的例子。隐居在宗教团体中的女性，即修女，抛弃了特定的对象，把自己的存在放在"没有拥有"和"不能拥有"的问题上。考虑到欲望的本质是因为缺乏，修女作为神的女人一生都不能拥有一个男人，可以说是最体现女性贞操的存在。但她们的整个人生也都是缺乏自我的，以一种空白的状态向神（父亲）展现自己。

实际上，我进入修道院和我的父亲有很大的关系。父亲一生都渴望进入修道院。他的成长经历充满坎坷，这种不幸的成长历程成了他今后丧失感的根源。他总是渴望在修道院这个与世俗隔绝的地方进行疗愈，给予内心安定与呵护。

在我刚上小学的时候，有人问我的理想是什么，我清楚地记得我的回答是做修女。父亲的愿望就这样投射到了我身上。可以说，子女的想法、价值观和父母有着密不可分的联系。父母不会考虑年幼子女的想法，子女也没有做选择的权利，这或许就是父母与子女的宿命。

小时候在教堂里有位很疼爱我的修女，在教堂前的院里玩耍的快乐也记忆犹新，这些回忆对我长大后成为修女产生了不可磨灭的影响。即使在进入修道院的那一刻，这些回忆也一直影响着我，它使年幼的我能清楚地知道自己的愿望是从何而来的。不是说所有得到教堂修女的关爱、从小生活在教堂周围的人，都会梦想成为修女或神父，但我就是用这种方式说服自己，理解自己的愿望的。因为只有这样，我才能带着他人（父母）的欲望继续生活下去。

实现父亲的欲望

父亲认为修女是"出淤泥而不染"的存在，她们不被肮脏的世界玷污。所以，他也把对纯洁女性的幻想投射到了我身上。我想那可能是父亲心中理想的女性形象或母亲形象。

　　我把父亲的这种渴望刻进了心里，当然，那只是一个男人单纯的渴望——渴望修道院能够帮他实现心中的理想。父亲的这种渴望与他的个人经历有着千丝万缕的联系。

　　那些对父亲言听计从并强迫自己实现父亲欲望的女性们，实际上是想要更加全面地了解父亲。对我来说，成为修女就是实现了解父亲这一目标的途径。这也是我作为女儿，实现恋父情结的一种方式。同时，在接受个人分析的过程中，我也逐渐理解了我的梦想，以及藏在修女背后的欲望。

　　在修道院里我反复探索问题的答案，但却没有找到。因为我认为将我的欲望和父亲的欲望化为一致，是试图通过父亲的认可（爱）来确认我的存在。

　　我渴望从神明那里得到答案，不断虔诚地祈祷。我将父亲在心里的位置腾空，在父亲原本的位置上供奉神明，并向神明证明自己的存在。我甚至都不知道自己想要什么或想要什么答案。

　　我也尝试成为父亲欲望中的"纯洁女性"，用俄狄浦斯的观点来看，这是想成为父亲理想女性的一种表现。当然，在这个过程中，父亲的欲望和我的想法之间也产生过分歧。我在修道院生活的这段时间，虽然也感受到了集体生活的快乐，但我内心始终被一片混乱与疑惑困扰，无法得到排解。拉康曾提出"他人的欲望"这一观点，而我父亲的欲望就是这样一种"他人的欲望"，这种"他人的欲望"控制着我的生活，使我心乱如麻，压抑得无法呼吸，解不开也理不清。最终我选择了离开修道院。

我真正想要的并不是背负着他人的欲望生活，而是以自己的身份生活。虽然我现在仍不知道做自己到底意味着什么，但至少我明白，内心的矛盾与纠结是一种信号，它提醒我并没有认真做自己。

你只属于自己

有些女性选择结婚是因为到了适婚年龄，有的是迫于催婚的压力，还有的女性认为婚姻就是找到一种归属感。

我们所说的树立贤妻良母的典型女性形象，看起来像是奉献，但实际上是放弃了一部分自己，将其归属于另一半，换来了贤妻良母的美誉。为了贤妻良母这个美誉，不得不低头，但这就是很多女性追求爱情的终极欲望。

女性神经症的特点之一，是不通过自我而是通过他人来达到目的。可是我们终其一生追求的目标并不是做一个对他人不可或缺的人，而是成为自己需要的人，成为相信自己的人。我们应该思考，如何努力才能过上自己理想的生活。

当你不是通过他人，而是通过自己的努力实现了自我，爱情或许就悄悄到来了，获得爱情的条件不是委曲求全，更不是言听计从。它的根本首先是自我的实现与成长。真正的爱情，也不是因自己的付出去索求同样的回报，而是做自己想做的，无论是否有回报，因为所谓的"回报"是对方的事情。女性应该学着从"自己需要的他人"和"他人需要的自己"的思维中脱离出来，去思考两人共同生活的相处之道，这才是更重要的。

专注于自己，让自己的选择变得正确

> "新环境总是模糊、未知、充满挑战，主动把自己推进新环境里的做法看起来轻率、鲁莽，但这也是重塑自我的必经通道。"

有些女性认为，如果不结婚自己就无法生存下去。对她们而言，单身生活光是想象就很恐怖。因此，即使自己的婚姻不幸，她们也想要竭尽全力地维持下去。这样的感情如同手中的细沙一样，握得越紧反而流失得越快。眼看着夫妻感情日渐糟糕，她们不得已又将孩子作为自己的信任和依靠，所以就一头扎进了养育照顾孩子的生活中。

慧娜是位宝妈。她向我倾诉道，她将精力全放在养育孩子身上，可自己非但没有成就感，反而内心的缺乏感和不安感与日俱增，进而又会觉得自己在养育方面也有许多不足。她也想过晚上跟丈夫聊聊天儿，带上孩子一起出门散步，享受这种生活的小情调。可不知从什么时候开始，丈夫总是不愿回家，好像不愿意跟慧娜在一起相处。

慧娜在来我的咨询室之前，也去过其他咨询中心。别的咨询中心给出的建议是："妻子只要能够满足丈夫的性生活，万事都能迎刃而解。"在这里，我并不是说夫妻之间性生活和谐不重要，只是觉得把性生活作为唯一的解决方法，未免有以男性为中心之嫌。这种只要满足男性的要求就能维持好夫妻关系的说辞，本质上就是一种男权主义。夫妻感情以及性生活的问题，都不是单纯地通过某种直接的行为就可以顺利解决的。

让能量回归自己体内

如果内心感到不安和不满，能量就会不断流向外部。这时，你可能会想：如果改善一下外部条件，生活会不会好起来？如果当初跟别人交往，应该就不会像现在这样了吧？如果经济上富足的话，是不是就可以做其他的选择？类似于这样的例子有很多，我们总是热衷于想方设法地排除或改善外部条件。但是将能量从外部转移到内部的过程是非常不适和痛苦的。因为当你想要快速找到答案让自己的生活变舒适一些，就会陷入冲动之中。此时必须要记住的是，能束缚住能量的所有外部因素，都只是你不愿意面对自己最真实内心的借口罢了。

我给慧娜提出以下建议：先把外部的所有问题暂且搁置，问问自己的内心是否有想要的东西，如果有，那么思考一下为什么自己没有果断地做出选择。我这样设问，不是刺激慧娜，让她果断地选择自己想要的东西，而是教她把问题投向自己，这本身就是一种能量流向内部的尝试。如果你不喜欢当下的境况，你就应该思考一下为什么自己会到这种地步。这样将问题从外部转移到自己身上，就是将能量从外部转向内部。

但慧娜依然执着地希望丈夫的态度和周围的环境能够得到改变，这种完全依赖外在环境是儿童时期的一种自然现象。过分依赖外在环境的人，不是因为懦弱，而是他们的内心深处仍停留在儿童的某个阶段。对慧娜来说，她的心里住着一个"年幼的慧娜"。慧娜的恐惧与担心很大程度上是凭空想象出来的，这就像孩子一想到没有妈妈就非常绝望和恐惧一样。但是当慧娜真的独自生活时，她是过得很好，还是坠入深渊，谁都无法断言，因为这是连慧娜本人都没有经历过的事情。在面对一些生活和情感困境时，我们总是迫切地想要知道，我们的决定会让事情往好的方向发展，还是不好的方向发展，可世上根本不存在完全准确的判断。

有很多人认为稳定就是最好的状态，除了稳定以外，不想做任何选择。她们没有尝试，就以恐惧和以往的经验断定自己是什么样的人，这是傲慢的另一种表现形式。她们因为接受不了失败或挫折，所以主动把自己放到了更低的位置。

正是"我不想辛苦"的自恋①态度把很多人逼进了死胡同里。谁都不想辛苦，谁都渴望过有滋有味的生活，可生活注定不会一帆风顺。拿出乘风破浪的包容态度，允许挫折与不幸发生，反而更有可能从生活中觅得自由。即使自己会遭遇巨大不幸，那也等到发生时再去寻找解决办法。这就是我想要再三强调的勇气与胆量。

我无法预测慧娜一个人生活会有怎样的变化，任何改变都有可能，但无论慧娜做出怎样的选择，只要愿意接受，总能找到自己的出路。

让生活焕然一新

慧娜与丈夫过得很痛苦，她觉得已经坚持到临界点了。如今，

---

① 自恋：精神分析理论中的重要概念，最早由弗洛伊德提出。

慧娜与丈夫的感情很淡，尴尬又陌生的感觉让她十分孤单。可孤单归孤单，她还是担心离婚后自己无法一个人带孩子。

慧娜不敢想象以后的生活，她怕过得比现在还要糟糕。有这种想法，意味着她仍然迷恋现在所享受的一切，不舍得放弃。如果换一种方式生活，真的会更糟糕吗？脱离现在享受的生活，就会变得不幸吗？答案是未知的。可能慧娜会出乎意料地过得很好，会为了改变不如意的生活而激发内心的能量，会为了给孩子更好的生活而不懈努力，这样一来，反而没有时间去哀伤叹息。对于没有走过的路，没有经历过的事情，我们总是本能地想要退缩，害怕迈出第一步，可真正踏上一条新路的时候就会发现，大部分的路都能走得通。

新环境总是模糊、未知、充满挑战，主动把自己推进新环境里的做法看起来轻率、鲁莽，但这也是重塑自我的必经通道。模糊不等于不安与痛苦，而是进入了一个万事皆有可能的奇妙境界。

前面我也提到过，我是二十岁左右进修道院，出来的时候已经三十岁了。当时我的父母极力反对我离开修道院，尤其是我的母亲，她苦口婆心地劝我：“跟你差不多大的人现在都已经结婚生子，在社会上扎稳脚跟了。你没有什么社会经验，离开修道院后一切都得从零开始，你靠什么生存？虽然说没钱有没钱的活法，可你知道中午吃豆芽汤，晚上用开水泡馒头的日子有多苦吗？"
母亲的言语间透露出满满的担忧与不安。

"生活太苦了"，这是父母们经常挂在嘴边的话，但实际上，比起担心子女生活困苦，父母首先过好自己的生活才是最重要的。我想如果父母真的爱子女，会愿意无条件地支持子女做的任何决定，陪子女一起面对未来的各种可能性。

"为了你好，怕你辛苦"，这些套话在我看来有时候都是大人庸俗的托词。我和丈夫结婚后，都忙于学习，两人都没有经济来源。这时婆家的长辈们，尤其是婆婆经常在我耳边念叨："你们没有经历社会的残酷，我最担心你俩在社会上受到伤害。"也就是说，只要按照大人的要求去做，就不会受到伤害，就能安逸稳定地生活？然而讽刺的是，有时候给我们带来最大伤害的往往不是别人，而是家人。因为当时我们下定决心不再按照家人的要求生活，打算彻底摆脱他们的欲望时，我们只能带着孩子离开父母家。

当父母强势有主见，而子女违背他们的意愿时，就要做好父母不再给予自己经济资助的准备。我和丈夫就是如此。我们倔强地从父母那里挣脱出来，但我们也不得不带着小女儿，一家三口住在拥挤闭塞的单人出租房里。即便日子很苦，但为了把我们的选择变得正确，我和丈夫同甘共苦，熬过了那段风雨飘摇的日子，终于在拨开层层迷雾后，见到了黎明的曙光。

面对两边强势的父母，我没有选择逆来顺受，而是在从属关系中获得了自由，将决定权和选择权从两家父母手中转移到了我们的小家庭中。从那以后，我也逐渐从丈夫身边脱离出来，真正地成为了一名独立的女性。

学会接受自我和生活的不堪

"如果乐观地接受命运的无常，反而会使自己的生活变得轻松，进而升华到享受生活的维度。"

面对我们自身的许多问题时，能够大方地承认并接受它，并非易事。

人通常会很容易承认某些现象或既定事实，但很难从心底真正接受。比如有的人会直截了当地说，"我承认你不爱我"，但这句话与"我接受你不爱我"完全是两个概念。因为接受与不接受的反应与状态截然不同。

当一个人承认但不能接受不被爱的事情时，会伴随着巨大的痛苦，他会纠结如何让两人的感情回到相爱的状态。如果一直不能接受不被爱的事实，悲伤和痛苦的状态就会一直持续下去。

想要回到不痛苦的状态，也要经历一系列苦闷、折磨与纠结。当你承认并接受不被爱的事实时，你会站在一个岔路口上：一条路是"你不爱我了，我完全接受"，虽然这令我很痛苦，但我要继续跟你维持这种状态；另一条路是"我接受你不再爱我，所以我决定放手"。

"接受"看起来很被动，实际上却包含着巨大的能动性。接受不是被已发生的事实牵着鼻子走，而是自己在向前推动自己，就像把自己完全托付给了命运的河湾，我们需要做的只是沿着河岸顺流而下。前路是坦途还是歧路我们不得而知，但至少我们已经获得了自由。

探索原因是改变的开始

很多来访者找我咨询都想知道自己痛苦的原因。从我的经验来看，很多原因都来自于父母。有人认为只要找到问题的根源就能解决自己的苦闷，但其实这个过程还暗藏着一个陷阱。对过去充分探索的过程，会再次唤起人们童年时期被忽略、被排斥的刺痛感，相当于我们心理学上常说的哀悼。

前文我提到了过去受伤的原因大多来自于父母，有一部分人知道了问题的根源后，不免会想要将自己的不幸与痛苦的责任转嫁给父母。还有一部分来访者从咨询师那里得知，自己痛苦的原因来自于父母时，往往会立即中断治疗。

他们中断治疗，也就意味着结束了哀悼环节，就不会探索更深的欲望，而是将责任直接推卸给父母，接着便不再参与后续的分析治疗了。我想说的是，知道了事情的原委，并不代表就能给生活带来多大改变，精神分析的过程，最重要的是以哪种方式接受了事实。

波爱修（Boethius）曾言："坦然接受命运的人，才能将傲慢的命运踩在脚下，才能昂起头，泰然自若地迎接所有的幸与不幸。"

假设一个人有过多次婚史，每次都是一气之下就选择了离婚。他每次都先把责任推卸给前妻，然后再感叹自己遇人不淑。这是一种典型被命运牵着鼻子走的冲动行为。

如果乐观地接受命运的无常，反而会使自己的生活变得轻松，进而升华到享受生活的维度。生活中有许多摩擦不可避免。如果一对夫妻每次都因为同样的问题吵得不可开交，两个人都没有意识到自身的错误，只是一味怪罪对方屡教不改，这就等于是为下次吵架埋好了导火线。

很多女性由于孩子和丈夫的问题常常不知所措，面对这样的情况，每个人都有不同的选择。虽然从婚姻中脱离出来，换种生活方式的做法值得肯定，但勇敢接受生活的不幸也是一种可贵的品质。这些人明知道海浪会来，却没有四处逃避，而是静静地看着海浪涌来，然后一跃而起，站到海浪之上，这就是我所谓的"接受"。如果女性无法摆脱来自丈夫及周围人的束缚，那至少也应该充分了解他们无意识的欲望。这样一来，即使你还是选择同样的生活，也不会再认为这样的生活全是不幸的，而会以另一种心境生活了。

如果另一半不理会你的需求，而你还要选择继续跟他生活下去，这并不是因为你无路可走，而是你害怕直面分离。这个时候，你需要放下改变环境、改变对方的执念，从内心接受目前的现实，或许这时就会迎来"无心插柳柳成荫"的转机。

绝对信任和遥远的愿望

我在给来访者做咨询的时候，经常会有这种感觉，眼前的来访者说话慢条斯理，看起来没有距离感，很难想象这样随和的人与家人或恋人歇斯底里地争吵的画面。

俗话说"距离产生美"，两个人分开一段时间再来看对方时，就会发现对方身上的闪光点。而双方越是亲密无间，就越容易被欲望与要求的沙漠掩埋，当欲望的沙子蒙住了我们的双眼，就很难看清对方的美好品质。他们希望无论自己多落魄，无论自己想做什么，恋人或朋友都能对自己无条件支持。就如同孩子被父母无条件地保护和爱，这是父母给孩子的安全感和信任，而成年人的信任意味着对彼此脆弱的包容和理解。

因为想得到对方的绝对信赖，是想要完全依赖对方的一种表现，进而渴望让对方在自己面前毫无保留、敞开心扉、共享所有的秘密，但这并不是健康的亲密关系。

健康的亲密关系，是在彼此产生矛盾和失望之后，依然可以重归于好，是不会被彼此的价值观念所束缚，是大方承认自己的自私和懦弱，是不会因为距离遥远就担心彼此不坚定而伤心难过。我们都是浑身充满缺点的平凡人，但这些缺点不会影响健康的亲密关系。

尝试去理解自己

"对于表现出来的心理症状以及未显露出来的矛盾，我认为最好的应对方法就是耐下心来，去试着理解自己的行为，最终与无意识状态下的冲动和解。"

孩子最早的冲动很多是偶然发生的，当然，这种偶然性也会受到父母或社会环境的直接影响。面对相同的事情，即使在相同环境下长大的孩子也会有截然不同的选择。很多人会认为这是孩子们天生的差异，但其实这种选择与孩子的根本欲望有着密不可分的联系。

有些孩子在所有关系中都倾向于把自己放在弱者的位置上，特别是与母亲的关系，他们习惯向母亲示弱，无条件地接受母亲的庇护，这种表现的背后暗藏着孩子日益膨胀的欲望。这些孩子毫无保留地向父母敞开心扉，所有事情都遵照父母的意愿，他们认为这样做父母也会变成自己理想中的模样，这其中就包含着所属与控制的关系。如果这种成长态势得不到正确的引导，不能及时制止，孩子长大后就会在所有的人际关系中都自动放低姿态，变成讨好型人格，陷入不自知的痛苦与矛盾中。

被困在一个人的世界里

有的孩子意识到有些东西自己得不到，就会早早地放弃。选择放弃的孩子为了满足自己更实际的欲望，会做出其他的选择。他们会独自玩耍，或是沉浸在一个人的想象世界里，悟出一套应对现实的方法。他们带着自己的结构和模式成长，与世界建立起关系。

"冲动源于偶然性"，这句话在两类孩子各自的选择中可以窥见一二。有一类孩子会自愿扮演弱者的角色：牺牲自己，取悦他人。他们一边经受着痛苦，一边偶然地体验到了无法放弃的快乐。当孩子感受到自己处于弱者的位置，受到父母的疏远或强烈的压迫时，他们极端的表现可能会使其陷入被虐式满足或自我怜悯的快乐中。另一类孩子在父母无法满足他时，会放弃自己的欲望，构建只属于自己的世界，偶然获得了自闭式满足，孩子可以在以后生活中持续享受这种自我建造的结构。这种结构性的冲动，以及冲动带来的痛苦和快乐，预示着孩子长大后的生活与关系模式。

努力改善关系

比起努力理解无意识的冲动，我们更善于学习怎样压制冲动。因为了解冲动的过程相当困难。

之前很多人根据血型来划分性格，最近人们则在卡尔·古斯塔夫·荣格（Carl Gustav Jung）的心理类型论的基础上，研究出来了MBTI性格测试，用于测试自己的人格。MBTI性格测试并不能准确地给每个人的性格下结论。因为某些心理症状会产生一些无法用语言和逻辑表达的东西，这些都是MBTI性格测试无法测试出来的。而对于表现出来的心理症状以及未显露出来的矛盾，我认为最好的应对方法就是耐下心来，去试着理解自己的行为，最终与无意识状态下的冲动和解。

创造属于自己的时间，寻找属于自己的快乐

"我们拥有只属于自己的快乐时，与他人的良性关系才能维持得更长久。"

如果没有自己的物理空间，也要留出属于自己的时间。即使是坐在咖啡厅发呆，这样的静谧时刻也很难得。

毫无保留地将自己的所有与他人分享，并不是健康关系的表现。哪怕是夫妻、父母与子女等，再亲密的关系也需要保留明确的界线。假设一个女孩每天放学回家跟母亲滔滔不绝地讲述一天的事情，可以想象到若干年后下班回家的她对着丈夫喋喋不休的场景。无边界地分享自己，并不能成为家庭之间维系亲密关系的秘诀。如果母亲让孩子感到踏实、有安全感，孩子自然会适当表达自己的所思所想；而越是忐忑不安、害怕与母

亲亲密接触的孩子，越容易变得话多。她们通过不停地表达，刻意远离来自母亲的压迫感，然后再自欺欺人地劝慰自己，"我和妈妈的关系很好"。

理解他人的快乐

三十多岁的志赫有个一直没对妻子说的秘密，当然，这个秘密并不是出轨或者股票投资失败，而是他每周会有两次在下班后去首尔一个适合读书的咖啡厅，独自待上一会儿。他对妻子则谎称自己公司每周都有例行的加班。志赫非常享受自己独处的时光，他甚至联系中介，想拥有一套属于自己的小公寓，不过与此同时，他心里又总觉得这么做对不住妻子。最后，他没有背着妻子偷偷买房，而是把这个小愿望留在了心底。

志赫之所以如此迫切地想要拥有独立的空间，是因为他实在厌倦了他一回到家就在他耳边叽叽喳喳地唠叨的妻子。他虽然很爱妻子，可他也渴望片刻的休息。妻子滔滔不绝的话犹如洪水猛兽，仿佛瞬间要将他吞噬。这让忙碌了一天的他迫不及待地想要逃离。

然而有一天，志赫不经意间的口误，把自己隐藏许久的秘密暴露了出来。得知此事的妻子气得咬牙切齿，她觉得自己仿佛受到了背叛，甚至开始怀疑丈夫变心了。其实从妻子的立场去看，妻子也有自己的苦衷。她从早到晚在家操持家务，照顾孩子，整天就盼着丈夫晚上回家，跟丈夫聊聊天儿。没想到，丈夫却在自己的"秘密基地"里享受独处的快乐，失望、寒心、委屈，各种情绪向妻子涌来，那一刻的妻子觉得眼前一片灰暗。

从精神分析的角度看，妻子觉得受到背叛的真实原因，并不是丈夫背着自己享受自己的空间，而是丈夫独自享受了妻子不知道的快乐。

背着妻子独处的这段时间，在精神分析中起着一种"禁止"的作用。一旦有了"禁止"，那么违反"禁止"就会产生巨大的快乐和刺激感。在咖啡屋独处，这件事本身并不快乐，真正使志赫快乐的是没有说出来的"秘密"——想要逃离妻子的秘密。最终秘密被妻子发现，丈夫的那种"禁止"的快乐就消失了，与之一起消失的，还有志赫因享受独处快乐所产生的负罪感。

志赫的妻子仅仅因为丈夫有自己的小秘密，就断定丈夫不爱自己了，这是一种极其幼稚的归因。无论我们与谁相处，即便是夫妻之间、父母与子女之间，都不能扬言自己完全了解对方。那些试图把完全了解对方，作为维系家庭和谐稳定的方式毫无根据，也并不可取。我们可以有自己不能说的秘密，也没有义务事事汇报。给彼此留有空间，却丝毫不影响彼此信任，这才是真正健康的亲密关系。

不刨根问底并不代表漠不关心，而是允许对方享受自己的秘密空间。如果接受不了彼此或对方的私密空间，根本原因是内心缺乏安全感。

自己的快乐，共同的快乐

我们拥有只属于自己的快乐时，与他人的良性关系才能维持得更长久。很多人听到"要挖掘只属于自己的快乐"这句话时，就会误以为需要拥有高级的兴趣爱好，或是做一些了不起的事情。其实不然，快乐不是优秀人的特权，那些不被他人知道、不与别人分享的实情，都是一种快乐，哪怕是一件微不足道的小事。

志赫一个人坐在咖啡厅发呆，还喝了茶，很容易让妻子怀疑他在这段时间里是不是和其他女性见了面或者做了什么。就像前面所说，我们并不一定要做一些出轨或不道德的事情才能获得快乐。我们之所以快乐，只是因为享受了独处的时光，这是只属于自己的小秘密。虽然志赫的快乐并没有维持多久就烟消云散了。

如果一个人时刻都需要另一个人的陪伴，只有在对方那里获得百分百的安全感才能快乐，这就是一种绝对性依赖。我们没必要苛求家人、恋人都要以你为中心，更不能将你的人生与家人的人生等同起来。每个人都要做自己的主人，自己取悦自己。

寻找自由的自己

> "一旦得不到他人的关心和关爱，就会感到缺乏安全感，从而否定自己的存在。这个时候就要停下脚步，好好审视一下自己了。"

我写这本书的初衷，是希望能和大家一起对男女关系进行深刻的探索与思考。我由衷地希望长久以来支配我们的父权制与儒教的禁止条令能够得到有效制止，使女性不再囚禁于男权主义的规训之中。

无论是夫妻关系还是恋爱关系，并不是保证了彼此肉体的忠贞就可以成为完整的亲密关系，这是不言而喻的事实。在追求极度忠贞的那一刻，也就成了忠贞的奴隶，最后被自己反噬。假设一位男性只和自己的妻子发生性行为，但却会脑补和其他女性性爱的画面，这不能说他对妻子是真爱。当然，与无数女性发生关系却对妻子说"我的心只属于你"，这也不能说他是真爱。那么我们就应该问问自己站在何种角度上，想要什么，怎样处理爱情关系，只有通过自己才能得到最想要的答案。

当然，即使是这样，肉体上的自由也不能成为全部，至于怎样才能获得彼此的忠诚和信义，这应该成为夫妻之间固有的东西，任何人都不能用自己的尺度、常识对他人进行粗暴的评价与判断。

那些为了欺骗自己而编排出来的借口

我们的无意识总是习惯用无数的借口来说服意识。在进行了一番仔细的临床研究后，我发现事实的确如此。因为我们在用数不清的逻辑来说服自己的背后，存在着其他无意识的东西。拉康也曾说过："一切都是借口。"如果一个男人说"我不想伤害任何人，所以我没办法做出选择"，那么，他完全可以用他的借口说服自己并给自己洗脑。但实际上，他已经把责任都推到了女性身上。他之所以想保持与第三者的不正当关系，一部分原因是想继续从女性身上获得被依赖感，但更多原因只是戏耍玩弄对方罢了。

我曾接待过一位四十多岁的女性，她的婆婆很强势，由此导致的婆媳矛盾使她长期饱受痛苦，整个咨询也结束得非常戏剧性。她来咨询室并不是为了寻找痛苦的原因，摆脱痛苦，过自己想要的生活，而是为了从我这里得到对婆婆不合理行为的佐证。我略过了这个环节，正准备讨论她对自己生活应承担的责任时，咨询就戛然而止了。

她找我咨询的原因也是为了制造一个借口，以便向别人证明："你看，我都痛苦到去接受心理咨询的地步了。"她把所有的责任都推给婆婆，这是为了使自己所有的选择看起来正当合理而采取的一种权宜之计。她可以正大光明地作为受害者继续行使弱者的权利，而精神分析师也就沦为使她的借口更具权威性的工具。

我在咨询过程中经常跟来访者说的一句话是："请不要自欺欺人。"

不要被我们意识中的无数理由所迷惑。我们应该更深入、更执着、更集中地观察自己。或许你会在那里遇到一片荒凉的废墟，但你也会在那片灰烬中看到孕育着新生命的种子。

人们生来追求稳定，却始终无法达到完全的稳定。不向安逸的生活低头，从根本上解决疑问和苦恼，也许这才能从生活中得到最真实的体验和收获。当然，为了逃避不快和痛苦而做出的选择，有可能引发更多的痛苦和生活矛盾。

一旦得不到他人的关心和关爱，就会感到缺乏安全感，从而否定自己的存在。这个时候就要停下脚步，好好审视一下自己了。

散发光芒的女性气质

真正的女性气质不应该从男性的视角去判断，而应该从结构的层面去看待。真正的女性气质不是一边渴望缺乏的东西，一边去寻找能填补缺乏感的对象，而是通过自己的努力，找到缺乏的东西，获得自我认同感。

我经常会看到根本不般配的情侣，甚至会看到一个女生明明可以找一个更般配的对象，但她偏偏选择了大家不太看好的男性。因为有些女性会将男性的缺陷看成闪闪发光的宝石，她能从中获得快乐与认同感。虽然女性牺牲了一部分自我，但反过来又得到了男性，这样女性就成了男性不可或缺的存在。对于有着致命缺陷的男性而言，如果他失去了女性，就会一同失去闪耀的光芒，这让有些女性误以为自己很有魅力。

所以，很多女性认为要得到男性就必须放弃自己的一部分。即使她们付出了惨痛的代价，也依然渴望附属于男性。更可悲的是，她们享受这种自我牺牲和自我抛弃，所以就会反复地寻找下一个能满足她们快乐的对象。停止这种恶性循环的方式只有一个，那就是女性需要明白自己真正在享受什么，只有这样才不会把不幸都归因于丈夫。

最后，分享一则富有哲理的小故事：某一天，一个人不小心把钱包掉在了黑暗的角落里，虽然他知道钱包就在黑暗处，但他认为有灯光照着的地方找起来更方便，于是在灯火通明的路灯下找了许久。结局可想而知，在灯光下永远找不到钱包。这时，他便自我安慰道："我已经尽力了。"

如果现在的你正重蹈故事主人公的覆辙，那么请你勇敢地走进黑暗，去到丢钱包的地方。此时你身上的光芒足以照亮黑暗，而你的女性气质也因此更加耀眼。

所以，只有自己才能完成对自己的救赎。